心理学大全集

墨菲定律

宋犀堃 编著

成都地图出版社

图书在版编目（CIP）数据

墨菲定律／宋犀堃编著. -- 成都：成都地图出版社，2019.3（2019.5重印）
（心理学大全集；3）
ISBN 978-7-5557-1108-7

Ⅰ．①墨… Ⅱ．①宋… Ⅲ．①成功心理－通俗读物
Ⅳ.①B848.4－49

中国版本图书馆 CIP 数据核字（2018）第 287494 号

编　　著：宋犀堃
责任编辑：游世龙
封面设计：松　雪
出版发行：成都地图出版社
地　　址：成都市龙泉驿区建设路 2 号
邮政编码：610100
电　　话：028－84884827　028－84884826（营销部）
传　　真：028－84884820
印　　刷：北京朝阳新艺印刷有限公司
开　　本：880mm×1270mm　1/32
印　　张：30
字　　数：600 千字
版　　次：2019 年 3 月第 1 版
印　　次：2019 年 5 月第 3 次印刷
定　　价：150.00 元（全五册）
书　　号：ISBN 978-7-5557-1108-7

前　言

　　为什么别人比我更成功？为什么别人的人际关系相处得那么好？为什么我总是暴躁不安？为什么我的小孩儿总是不听话？为什么我的工作总是不顺利？……

　　数不清的为什么，我们总是希望比别人更优秀、更幸福，却总是失望。于是，我们就将人生路上的一切不如意归咎于命运的不公平，埋怨自己的命不好，可是，却从未思考这一切的根源，自己应该如何改变现状。

　　你可能会问：这和墨菲定律有什么关系？成功不就是由运气和努力促成的吗？其实不然，成功是由真理和定律决定的。人类在历史上所取得的一切进步，在很大程度上正是由于正确并熟练运用了那些普遍存在的真理和定律而取得的。这些具有普遍意义的定律，使我们的生活成功而有意义。在这些定律里面，心理学作为影响人类方方面面的学科，不能不引起我们的重视。

　　本书将世界上最有用的心理学定律介绍于你。全书共分八章，借助众多与生活息息相关的案例系统地介绍了认知、情绪、社交、人生、心态、职场、成功等方面的心理学定律，全面解析了心理学的各种效应、法则和定律，使心理学真正成为服务于大众的应用型科学。学习和利用书中的知识，一定有助于读者在人际交往和工作事业方面获得更大更好的成就。

　　每个看似诡异或者理所当然的现象背后，都蕴藏着有趣并十分有用的心理学现象，翻开本书，从充满趣味有用的心理学定律中紧紧地扼住命运的咽喉吧！

2018 年 8 月

目 录
CONTENTS

第三章
首因效应：人际交往中的心理学法则

第四章
墨菲定律：可能出错，就一定会出错

第一章

苏东坡效应：自我认知，发现内心深处的自己

苏东坡效应：如何正确认识自我

"苏东坡效应"源于苏东坡的一句诗句："不识庐山真面目，只缘身在此山中。"明明就站在山中，却偏偏不认识这座山头。 社会心理学家将人们明明就拥有"自我"，却偏偏难以正确认识"自我"的心理现象称之为"苏东坡效应"。

古代，有一位解差押解着一位和尚前去京城。和尚是个聪明的人，一直都在想着逃跑的事。晚上的时候机会来了，在他们入住的店里，他将那位解差灌了个酩酊大醉，又借了店家的一把小刀，将解差的头发全剃光了，之后，他就一溜烟地逃跑了。这位解差半夜的时候醒了，一摸身边没了人，大吃一惊，要知道回去交不了差可是掉脑袋的事。他赶紧在黑夜里又仔细地找了一遍，继而摸到了自己的光头，紧张感一下子被惊喜替代了。解差长舒一口气说："幸好和尚还在。"随之又非常迷惑地问了句，"那我在哪里？"

和尚只不过是把解差的头发剃光了，解差就误以为自己即是和尚，闹出不知"我在哪里"的笑话。虽然这仅是则笑话，但是生活中有不少人就像这位解差一样，对于"自我"这个就在自己手中的东西，往往难以正确认识。正因如此，人们才会发出"人贵有自知之明"的感慨。

生活中的大多数人很少能真正地去思考"我是谁"的问题。的确，对于这么一个看似无聊又无用的疑问，每个人都那么忙，有这工夫还不如去唱会儿歌、玩圈儿麻将、逛个街、听会儿音乐呢，这类的思考就留给那些"哲人"吧。可是真的如此吗？先看下面这个真实的案例吧。

20世纪初，美国有位著名的拉塞尔·康维尔牧师，他以"宝石的土地"为题在美国举行了盛大的巡回演讲。据说他的演讲多达6000多场，将整个美国人民的激情都带起来了。演讲的内容是从一个故事引起的：从前，印度有位富裕的农民，他为了寻找埋藏有宝石的土地，变卖了自己的家产，开始四处寻找这传说中的宝藏。几年以后，他终于因为穷困和疾病而死去。后来，有人从他卖出的自家的土地上发现了珍贵的宝石。

康维尔用这样一个真实的故事，并辅以大量的实例，就是想告诉每个听众，人们苦苦寻找的，往往是自己所拥有的，但是人们并不自知。

"我"就是这么一个陌生的朋友，虽然近似咫尺，看似熟悉，却常常令人疑惑。"我"是特殊的，是独一无二的。从心理学上而言，个体的自我有两个解释：广义而言，它是指一切个体能够叫作"我的"的总和。比如，我的身体、心情、父母、朋友、工作等等，通过"我的"的后缀，我们来确定对自己的存在的满足感；狭义的自我，就是指自己对心理活动的感知和控制脑的机能活动，是我们心理的特殊形式。

　　现实生活中，人们为了同这个现实的世界保持一致性及和谐性，都在扮演着不同的角色。比如，在父母面前我们扮演孩子，在孩子面前我们又扮演父母，在领导面前我们扮演下属，在下属面前我们又是领导，在好朋友面前我们扮演着知己，而在陌生人之前我们又仅仅是一个路人甲。角色本身决定着扮演者的共同轮廓，但是由于"自我"的不同，同样一个角色也可能出现迥然不同的表现。显然，角色扮演者对认识自己非常重要，这也是人们通常使用的方法。

　　另外，苏东坡的诗句中还给我们提供了另外的方法——横看成岭侧成峰，远近高低各不同。克服"苏东坡效应"的办法，可以深入"此山中"探其幽微，也可跳出"此山中"一览全景。也就是说，认识自己要将微观和宏观这两个"视角"结合起来，方可全面。

　　"不识庐山真面目，只缘身在此山中。"人是很难有自知之明的。假如既没有自知之明而又狂妄自大，就如一个人衣冠楚楚、彬彬有礼，一派绅士风度，却在屁股后面露出一条毛茸茸的尾巴，让大家忍不住发笑。事实上，这类笑话是司空见惯的。

认识自己，就是发现另一个自己，发现假面具后面一个真实的自己，发现一个分裂自己的各个部分，发现自己的局部、偏见、愚昧、丑陋、冷漠、恐惧，发现自己的热情、灵感、勇气、创造力、想象力和独特个性。实际上，一个人多多少少是分裂的，在分裂的各个自我之间进行平等、理性的对话，也是一个人的内省过程，正是一个人的悟性从晦暗到敞亮的过程。正如真理越辩越明，在各个自我之间的诉说、解释、劝慰乃至激烈的辩论中，人心深处的仁爱、智慧和正义感就可能浮现。

善于认识自己的安提司泰尼看到铁被铁锈腐蚀掉，他评论说，嫉妒心强的人被自己的热情消耗掉了——他是在同自己的嫉妒谈话，对自己内心潜伏着的嫉妒做出严正警告。他常去规劝一些行为不轨的人，有人便责难他和恶人混在一起，他反驳道：医生总是同病人在一起，而自己并不感冒发烧——他是在同自己的德行和自信谈话。他认为，那些想不朽的人，必须忠实而公正地生活——他是在同自己的信念谈话。

一生与孤独为伴的哲学之父、后精神分析大师克尔凯郭尔，是位善于认识自己的人。他在世时，整个世界都不理解他，甚至敌视和厌弃他。他一方面向整个世界的虚伪和庸俗宣战；另一方面回到自己的内心，不厌其烦地同自己谈话。

他在短短的一生中写了 1 万多页日记，也就是说，他几乎天天在同自己谈话。然而，正是这个"真正的自修者"，这个与人类社会格格不入的"例外者"充满绝望和激情的自我倾诉，许多年后成为震撼人类精神的伟大启示。

伟大的诗人都善于发现自己。因为只有善于发现自己，这些诗才更具真实性，更有穿透事物的尖锐性。

请看里尔克的最辉煌的作品是怎样写出来的："不和任何人见面，除了对自己的内心说话之外，绝对不开口——这的确是我立下的誓言。"所谓"对自己的内心说话"，就是写诗，换一种说法，写诗就是诗人同自己谈话的一种方式。在同自己谈话的过程中，诗人把自己在生命冲突中体验到的种种图像精确地呈现出来，从而让我们看到了生存的陷阱、灵魂的锯齿、信念的血痕以及万物的疼痛。

诗人的声音必然是可靠的、真实的，摒除了所有虚伪、怯懦、狂妄和矫揉造作。世界上最感人的作品往往是作者的内心独白，比如里尔克的《杜伊诺哀歌》、卡夫卡的《城堡》和《变形记》、普鲁斯特的《追忆似水年华》、西蒙娜·薇依的《书简》等。

一个人如果认定自己是个有能力、有才华的人，那么他就会发挥出符合他这样认定的一切天赋；如果一个人认定自己是个笨蛋，是个窝囊废，那么他就不可能发挥出他实际存在着的潜能。一个人只要认定自己是个什么样的人，就要坚定不移地走下去，不管别人怎么看待和评论。

问题的关键在于，自己对自己的认定是否准确无误。如果自己的自我认定错了，那种错误的认定必将严重影响、困扰自己的一生。

人的自我认定是可以改变的，人生也会随着自我认定的改变而改变。当一个人不满意自己目前的状况时，就需要按下述几个步骤重新改造自己。

第一步，找到你心目中的人生榜样，为自己树立人生目标。把你所希望的自我认定的条件写下来，而后认真思考：到底哪些人身上具有这些条件？自己是否可以效仿他们？设想自己已经融入了这一新的自我认定之中，在这一认定里的自己又该如何呼吸？如何走路？如何说话？如何思考？如何感受？

你如果想真正拓展自己的自我认定和人生，那么从此刻开始你就得下定决心想要成为什么样的人。你应回到孩提时代的心态，对未来满怀热望，列出成功人生所必须具备的各种特质。

第二步，列出你的行动方案，以便能够同这个新的人生角色相吻合。这时，你要思考怎样做才能实现自己的目标，你需要在人群中树立自己的全新形象，你要特别留意结交什么样的朋友，你的成功与你结交的朋友有很大的关系，要让你的新朋友强化而不是削弱你的自我认定。

第三步，你要每天提醒自己，不要让心中的目标淡化或者消失掉。这最后一步便是让你周围的人都知道你的这一新的自我认定，而更为重要的是要让你自己知道，你自己每天都要以这个新的自我认定来提醒、告诫、把握好自己。

确立新的自我认定后，不管周围的环境如何恶劣，周围的某些人如何嫉贤妒能，你都应该横下一条心，排除各种干扰，克服一切困难，全力实现自己所持守的价值与所做的美好之梦。

巴纳姆效应：改变自己，重塑自我

巴纳姆效应是由心理学家伯特伦·福勒于 1948 年通过试验证明的一种心理学现象，它主要表现为，每个人都会很容易相信一个笼统的、一般性的人格描述特别适合他。即使这种描述十分空洞，但他仍然认为反映了自己的人格面貌。而要避免巴纳姆效应，就应客观真实地认识自己。

台湾亚都丽致饭店总裁严长寿曾经建议年轻人在考虑下阶段要干什么时，首要之务就是先认识自己，尤其要有勇气去面对自己。在认识自己之后，接下来再认识职场，因为随时都有面临失业的一天，所以，每个人在职位上最大的保障就是随时要接受考验、挑战，保持进步。

为什么会有巴纳姆效应的产生？其本质就是大多数人没有客观地认识自己，让自己卷入了一个空洞的程式之中。能准确地剖析自己，给自己定位的人，往往也能把自己放在一个准确的位置上，在职场这个无形的战场中步步为营、势如破竹；而对自己的认知处于模糊阶段的人，往往更容易相信一些大众化的描述，不去深究自己不同于别人之处，自然也就无法在职场中发挥自己的优势，让自己在千军万马中脱颖而出、节节胜利了。所以，无论何时何地，正确地认识自己并适当地改造自己，让自己向着最容易获得成功的方向挺进，都是一种智慧的选择。

只有很好地认识自己，知道自己的长处和不足，扬长避短，才能让你在职场中如履平地，如果只是抱着"当一天和尚撞一天钟"的心态在职场中混日子，那么你通向成功的道路可谓是渺茫的。

认识自己，才能把握自己的命运。一个人能认识自己、反省自己，舍弃一些不合时宜的理念，改造自己，扩大自己的视野，他的未来就会值得期待。

想要获得成功，一定要先认识自己，但认识自己不像照镜子那样简单，它是一个过程，需要勇力和信心。我们应该正确认识自己，因为你能自助，天才能助你。思雨是一名外语系的大学生，大学毕业后，她不像别的同学那样去找工作，而是在家里挖掘自主创业的信息，并做着各方面的准备。一段时间之后，她的小饰品店终于在一个繁华的路口开张了。尽管她很努力地采取各种措施吸引顾客，可是她店里的生意一直不好，有时候甚至入不敷出。她想了很久，也不知所以。后来，一位顾客对她说："姑娘，你看起来很文静，也很有文采，你给每种商品写的软文都很动人，你为什么不试着做一个杂志社的编辑呢？"顾客走了之后，思雨开始静下心来思考这个问题,她终于明白,自己的优势在文字把握上,而自己却一直缘木求鱼,没有正确认识自己。自己一直认为自己是个做生意的料,不肯接受别的工作,想要在这条不适合自己的路上走下去,缺少的就是改造自己思想的魄力。想明白之后,她迅速做出改变,将这家店转让,重新找了一份时尚杂志编辑的工作。在新的工作岗位上,她发挥自己敏感而出众的文字优势,在这个职位上可谓是如鱼得水。看着杂志上自己写出的文章越来越受欢迎,她心里有说不出的高兴。

决策失误总是由认识失误造成的,所以关键是首先要认识自己,任何事业的成功之路,都是从认识自己开始的。 但有时候可能自己很难清楚认识自己,此时,别人的一句话可能就会如醍醐灌顶一般将你点醒。 所以有些时候,借助于他人的眼光来认清自己,未尝不是一种可行的方式。 不论什么时候,认识自己,发现自己的弱点,并及时地改造自己,都算不上晚。

大多数人想要改造这个世界,但却罕有人想改造自己。可是环境不会轻易改变,解决之道在于改变自己。

过去你可能曾经尝试改变自己,以融入你认为的重要角色。 我们要谈的并不是改变自己来顺应这个世界,也不是要如何变得更受人欢迎,或是如何让别人认为你是个成功的人,更不是如何能让社会接受你,如何给你的朋友留下深刻印象。 我们要谈的是和你的内在技能、天赋和价值观有关的事,然后让你所拥有的东西引导你通往成功之路,是抛开对自己的错误信念，让你愿意拥抱和接受属于你自己的成功。

　　有一个大师，一直潜心修练，几十年练就了一身"移山大法"。

　　有人虔诚地请教他："大师用何神力，才得以移山？我如何才能练出如此神功呢？"

　　大师笑道："练此神功很简单，只要掌握一点：山不过来，我就过去。"

　　谁都知道世上本无什么移山之术，唯一能够移动的方法就是：山不过来，我就过去。

　　现实世界中有太多的事情就像"大山"一样，是我们无法改变的，至少是暂时无法改变的。如果事情无法改变，我们可以来改变自己。如果别人不喜欢自己，是因为自己还不够别人喜欢。如果无法说服别人，是因为自己还不具备足够的说服能力。如果我们还无法成功，是因为自己暂时还没有找到成功的方法。

　　要想让事情改变，首先得改变自己。只有改变自己，才会最终改变别人；只有改变自己，才可以最终改变属于自己的世界。所以，如果山不过来，那就让自己过去吧！这可以让我们生活中的困扰迎刃而解。

　　改变自我，除了改变自己惯常的思维方式之外，改变自己的注意，即转移兴奋中心也是一个重要方面。比如，做一件不寻常、跟你的个性完全不同的事。

　　如果你从来没有给过无家可归的人一元钱，从今天起，给你第一个看到的乞讨者一元钱，并祝他有个愉快的一天；如果你一向觉得自己戴帽子难看极了，今天就戴一顶帽子，并且表现得就好像戴帽子是世界上最自然的事情一样。 要确定至少有一个人注意到你今天有点不一样，并且尽可能地收集别人对这个新的你有什么意见。 然后在当天晚上睡觉的时候，回想一下今天最好笑或者是最难忘的时刻，并且重新体会一下那种感觉。 然后告诉自己，每当你表现得和自己的个性不一样时，你会拥有更多这样的时刻，别害怕改变自己。

从众效应：人云亦云，不如独立思考

从众效应是指个体在受到真实或臆想的群体影响下，往往会在认知和行为上以多数人或者权威人物的行为为准则，并且朝着与之一致的方向变化的现象。从众效应是一种普遍的社会心理现象，既包括思想上的从众，又涵盖了行为上的从众，它本身并无对错之分，关键在于从众的问题和场合。

从前，有个老人带着自己的孙子去集市上卖驴。路上有人嘲讽二人，放着驴不骑，简直就是大傻瓜。爷孙俩听后觉得有道理，便都骑在了驴身上，可刚走一段路，又遇到一路人指着他们说："驴都快被你们压死了，太没人性了。"俩人赶紧下来，老公公让孙子骑在上面，自己则牵着驴走在前面。路过茶楼时，一妇人指着孙子骂他不孝顺。于是二人调换了位置，但又有人批评老人不知道爱护孩子。最后老公公很无奈地对孙子说："看来只有最后一个法子了，咱俩还是抬着驴走吧。"

虽然这仅是一则笑话，但却真实地反映了我们生活中的一种现象——盲目从众，也就是从众效应。每个人的身上都或多或少地受到从众效应的影响，总是倾向于听从大多数人的意见或态度，用以证明自己并非孤立。正如故事中的老人和小孙子一样，我们也常常不自觉地把别人的话当成自己生活的准则，并以此衡量、调整自己的行为。这其实是受众个体在面对众多信息时采取的一种心理和行为的对策——与大多数人步伐一致，总没有错吧?

生活中有很多的从众现象，而我们一不留神就有可能成为其中的一员。有些人专门利用从众心理来达到某种目的，比如某些广告商常常先将自己的产品炒热，从而使人们在从众心理的驱使下进行购买。礼堂上，一个身着衬衣西服的"成功人士"正在亢奋地"现身说法"，人头攒动中，一夜之间的暴富神话似乎已经成真;闹市中，一个骗子扯着嗓子大声叫卖着自己的"灵丹妙药"，几个"托儿"在旁做抢购状，引得路人趋之若鹜;某书中将绿豆奉为包治百病的良药，于是在人们的疯抢之下，绿豆的价格屡创新高。

社会心理学家经过研究发现，持某种意见的人数的多少是影响人们从众心理的一个重要因素。所谓的人多力量大在此也得到了另外一种意义上的印证，很少有人能够在众口一致的情况下还坚持自己与众不同的意见。生活中，从众心理使很多人在明知是错的情况下，还继续坚持与众人一致的行为。十字路口，红灯亮了，行人纷纷驻足，但有个人按捺不住闯过了斑马线，第二个人也随后跟去，第三、第四个，最后大部分的人都集体闯红灯过马路，而耐心等在斑马线这边的人，倒显得有些异类了；垃圾桶旁边本来很干净，可不知是谁往旁边扔了一团纸，接着有人又吐了一口痰，第三个人扔了一个没吃完的苹果，第四个……转眼间，垃圾桶里没有什么垃圾，倒是旁边真成了垃圾场。

当然，我们并不能绝对地说从众心理不好。比如从事计算机的人特别需要充电学习新的知识技能，如果你要个性，偏不学习，那就等着被时代淘汰的厄运吧。另外，在客观存在的规定与事实前，有时我们也不得不从众。如在中国内地开车一般都是靠右行驶，可一旦到了香港特区却是靠左行驶，这样的规定谁要是不服从不但会被交警抓住罚款，还有可能为由此引发的交通事故负责任。

总之，"从众"一词虽不特殊，但却能产生特殊的效应。它既能引人进入正义的守卫军中，又能让人跨上邪恶的不归之路。而我们在面对这一社会心理和行为时，要具体问题具体分析，否则只选择大多人坚持的意见而不知其原因，就会陷入一个自己一无所知的群体中去。

从众效应具有两重性：消极的一面是扼杀了个人的独立意识和判断力，束缚思维，使人变得墨守成规，没有主见；而积极的一面是有助于学习他人的智慧和经验，修正自己盲目自信的缺点，并完善思考方式，扩大人的视野。

人们如果轻易便进行从众效应，势必不会对他人造成多大的影响，因为没有人对一个大家都知道的道理感兴趣，而一个有独自见解的人，往往更能引起人的注意，也就更易向他人带来影响。所以，如果我们希望能影响到他人时，就不要盲目地试图从顺从对方的角度考虑问题，而是将自己看作是权威专家和专业人士，由此提出的建议和观点，相对而言更易接受。

　　某高校举办了一项特殊的活动，请德国一位著名的化学家展示他最近发明的某种挥发性液体。当活动的举办者将一脸大胡子的"德国化学家"介绍给坐在阶梯教室里的学生们后，化学家开始用自己那沙哑的嗓音对同学们说："我最近研究出了一种强烈挥发性的液体，现在我要进行一项实验，测试这种液体的气味能用多长时间从讲台挥发到教室的各个角落，只要是闻到一点气味的同学、就马上举手、我要计算时间。"说着，他打开了密封的瓶塞，让透明的液体挥发气味……不一会儿，前排的同学、中间的同学、后间的同学都纷纷举起了手。短短两分钟的时间，所有在场的同学都举起了手。

　　此时，"化学家"一把将自己脸上的大胡子扯下，拿掉墨镜，原来他就是本校的德语老师。他笑着说："我这里装的是蒸馏水！"

　　这个实验生动地说明了学生之间的从众效应——看到别人举手，自己也跟着举手，但他们并不是撒谎，而是受"化学家"的言语暗示和其他同学举手的行为暗示，似乎真的闻到了一种味道，于是便举起了手。

　　由此可见，从众心理对一个人的影响是很大的。造成人们产生从众心理的原因有很多，在群体中，由于个体不愿因为自己的标新立异或与众不同而被孤立，所以当自己的行为、态度或者是意见与他人出现不一致的情况时，就会产生"随大流就不会错"的安全感。 另外，从众行为也可能是源自群体对个人无形中产生的一种压力，从而迫使自己违背自己的意愿。

如果一味盲目地从众，自己的积极性和创造力就可能会被扼杀。 成功与失败的分水岭在于，个体能否减少自己的盲从行为，运用独立的理性，判断是非并坚持自己的判断。

在某种特定的条件下，如果没有足够的信息或者搜集的信息不准确，从众行为都是很难避免的。 通过模仿他人的行为来选择策略并无大碍，有时模仿策略还可以有效地避免风险和取得进步。 但是，如果不顾是非曲直，一概服从多数，随大流走，则是不可取的，是一种消极的从众行为。

从扼杀个人的独立意识和判断力的层面来看，从众是有百害而无一利的。 但在客观存在的公理与事实面前，有时我们也不得不从众。 如"母鸡会下蛋，公鸡不会下蛋"——这个被众人承认的常识，谁能不从呢？在日常交往中，点头意味着肯定，摇头意味着否定，而这种肯定与否定的表示法在印度某地恰恰相反。 当你到了这个地方的时候，如果不入乡随俗，就会寸步难行。 因此，对从众这一社会心理和行为，人们要学会具体问题具体分析，不能认为从众就是没有主见，就是"墙上一棵草，风吹一边倒"。

生活中，我们要扬从众的积极面，避从众的消极面，努力培养和提高自己独立思考和明辨是非的能力；遇事和看待问题，既要慎重考虑多数人的意见和做法，也要有自己的思考和分析，从而使判断能够正确，并以此来决定自己的行动。 凡事都"从众"或都"反从众"的行为和意识都是要不得的。

独立思考是获得独立人格的唯一途径，培养独立思考能力有时候也需要技术性的方法，比如怀疑一切的勇气。

10 岁的小学生们坐满了整间教室，他们得按照要求解决一个关于上学途中安全过马路的问题。那些曾于其他地方成功运用的方法在孩子们的脑海中闪现出来，比如采用交通工具静音设备、架设天桥、穿上荧光外套及采取限速措施等。所有的观点都很循规蹈矩，而这些恰恰也是老师们期望听到的结果。

只有一个人很特殊。有个学生建议学校董事会卖掉所有的财产，然后把课堂搬到网络上面。不过老师们可不希望这样。

这个想法也许并不成熟或者普遍，甚至是不可能的，于是他成了全班同学的笑柄。但我们应当注意到，那大概是仅有的一个敢被阐述出来的独立想法。

特立独行的思想绝非寻常——它绝对是无价的、独一无二的。 你在报纸或电视上读到、看到的种种都不是什么独特的东西，无论我们在主流媒体上学到了什么，那都是生搬硬套的常规知识。 在这个世界上，大多数情况下，没有任何一样事物是与众不同的。

这是个悲剧——独立的思想对于进步来说不可或缺。 通常的想法把我们一步步带向最好（最差就是迫使我们倒退），独立的思想则要人们表现出实质性的跨越。

从逻辑上看，当像别人那样思考时，我们能够期望得到的最佳结果只能是达到他们已经达到的。 假使我们的目标是超越前人的功绩，就要拒绝平庸而不去想什么不可能。 我们应当在惯性思维中变得与众不同。

幸运的是，独特思维并不需要所谓的过人之智，也不是非得受过良好的教育才能达到，想想小孩子们，惯性思维讲鞋是拿来穿在脚上而香蕉是要吃的，独特思维则使孩子们试着品尝鞋子然后把香蕉踩在脚下。 尚未形成的惯性思维加上无忌的童言，他们在大人眼中就是这样，于是孩子们可以随心所欲地把自己的点子付诸实践。 有时候孩子们也许会错，但在某些情况下，他们会正确得叫你大吃一惊。

使用下面这五个方法，你就可以打造出自己的独立思维。

1. 切断惯性思维的源泉

在把你的电视、电脑插上电源之前，在钻进图书馆翻阅资料之前，先自己想想。 不断绝你同现实世界的联系，通过限制那些吸引你的常规思维，你就可以提高自己独立思考的能力。 意思是减少媒体的使用，降低对其投入的程度。 独立的思考者并不一定背道而驰，然而他们对于默认现状持反对的态度。 为了好好地感知这个世界，而非仅仅透过显示器去看一切，他们会想出新标准。

2. 投身到与你当前愿景相冲突的体验之中

与其用一个新的普通想法替换掉那个旧的，不如有意找寻、创造一些挑战你观念的体验。 它们可能存在于外族文化、罕见的亚文化之中，也可能就在你不愿苟同的那本书的某一页上。 关键不是采用什么全新的思维，而是尽量使那条惯性的轨迹中断。

3. 置身事外，远处观之

先把日常生活抛在脑后，这样你就能无拘无束地站在另一个角度看待某些问题。 旁观者清，跳出你的小世界，才能心无旁骛地为自己想想。 偶尔原地不动能提供给你嘲笑自己愚蠢信念的机会，同时也开拓出了新的视角。

4. 随机化刺激你感觉的事物

何不抖擞抖擞精神投身到崭新的体验当中？ 别总是去那些相同的地方，吃一成不变的食物，要么就是跟身边抬头不见低头见的那几个人说话。 很多人都固执于熟悉的事物，以为能够简化问题并且构筑心中的安全感。 如果你真想要独立地思考，就需要跳出自我的蜜罐。

如若上述这些听上去都过于困难，那就考虑下自己可以从独立思维中收获什么。 甚至那遗世独立的思想是只能在显微镜下才能依稀看到的一小步，也能增加你对于这个世界的贡献。 你会看到其他人轻易就忽略了的机会和解答；你会比缺乏创造力的人拥有更大的竞争优势；最重要的是，你会造就属于你自己的思想，而不仅仅是媒体的陈词滥调。

独立地思考，然后给自己创造一个机会无限的世界。

鸟笼效应：先改变思维，再改变生活

鸟笼效应是一个很有意思的规律，发现者是近代杰出的心理学家詹姆斯。简单而言，它是说假如一个人买了一个空鸟笼放在家里，那么一段时间后，他一般会买一只鸟回来养或者丢掉这个鸟笼。

1907 年，心理学家詹姆斯和他的好朋友卡尔森退休了，一天二人打赌。詹姆斯说："你信不信，我会让你在不久以后养上鸟？"卡尔森不屑地摇了摇头："我可从来没想过要养小鸟，我可不信你有这种魔力。"没过几天就是卡尔森的生日了，詹姆斯送给他一个非常精致漂亮的鸟笼，卡尔森笑着收下了礼物，他说，"老兄，你不要白费心血了。我是不会养鸟的，不过这只鸟笼倒是挺漂亮。"后来，卡尔森的家里每当有客人来时都会看到那只精美的鸟笼，并由衷地赞扬两句，然后他们几乎像商量好似的，会问同样的问题——教授，你的小鸟是怎么死的？尽管他每次都会向客人解释自己并未买过小鸟，可客人依旧困惑不解。最终，卡尔森只好买了一只鸟，以堵住客人的嘴。由此，詹姆斯的"鸟笼效应"生效了。

卡尔森为何最后妥协了或者说鸟笼效应为什么会存在？究其原因在于当事人不愿意忍受每次面对他人怪异的目光时进行解释的麻烦，而买一只鸟比无休止地解释简单多了。 心理学家认为，即便对于空鸟笼没有人询问，也会给人造成心理压力，使其主动去购买与鸟笼相匹配的小鸟。 人们常常不自觉地就会受到权威人士或多数人的影响，在上述故事中，卡尔森内心也是如此——当身边的人都开始询问关于鸟的问题时，他就开始思考自己是否应该换种选择，但是这又与自己最初的意愿相悖，由此让人产生"找不着北"的感觉。

实际上，在生活中我们也经常给自己的心里挂上一个空鸟笼，为了能与之匹配，我们在接下来的日子里，不断地往里添加东西。 而在最初挂鸟笼的时候，或许我们并未想过由此会带来的连锁反应。

如果是亲手经历过装修房子的人可能会有这样的体会：逛市场时，我们往往会被一些外表新颖、时尚的东西吸引，比如一个新潮的电脑控制的马桶。 但事情并未就此结束，由于马桶这么精致，卫生间的瓷砖不能太差吧？ 瓷砖的质量价格上去后，浴池或者淋浴设施的档次也不能显得太寒酸吧？还有那洗脸池、水龙头统统都得与酒店相媲美，整个卫生间看起来才更统一……把一切敲定后，我们才发现打造如此有品质的卫生间的费用远远超过预算，而这"罪魁祸首"就是那只马桶。 有句话说是"女孩子的衣橱里永远少一件衣服"，很多女孩儿的衣橱里都会有几件"鸟笼"似的衣服。那件看起来时髦高档的皮衣，一时吸引得你连面对高价都没有退缩，但是买回后却没有合适的搭配，就此束之高阁又显得吃亏。 于是，名牌裤子、时装鞋以及那个价值不菲的挎包都成了此后日子里你需添加的东西。

生活中像这样的例子还有很多。 我们原本按照自己的生活轨迹从容地生活着，但是面对现实中诱惑和欲望的牵扯时，难以取舍。 在眼花缭乱中迷失了自己，在山重水复中进退两难。 其实，我们很多时候都是在自寻烦恼——先将鸟笼挂起，然后不由自主地往里添加东西。

通过鸟笼效应，我们还可以看到人们由于习惯，通常对于自认为的合理有种不假思索的肯定，而不合理的行为就会在此后温和的疑问中被遏制。 比如一个千万富翁，如果仍旧租房子住、乘公车上下班、穿廉价的衣服，尽管他自己很享受这样的生活，但是在旁人看来，多少有些怪诞。 于是甲会温和地问："你有这么多钱为什么不买房子啊？"乙会问："一套合适的西装，对于你而言简直是九牛一毛，你怎么不穿呢？"同样，丙和丁也会温和地提出自己的疑问。 那富翁就像拥有精致的空鸟笼的卡尔森一样，在忍受不了旁人思维惯性的诘问后，不断地调整着自己的位置。

世界上最严酷的压迫，不是统治者的强权暴政，也不是严厉的法律，而是关于惯性和"正常"的文化。 人们在大多数时候都易于用惯性思维看待事物，鸟笼里一定要养鸟，结婚必须有新房，富人就应该住别墅、开跑车，穷人就得在买东西时锱铢必较等。惯性思维可以帮助我们迅速地认识这个世界，并适应它。但是若将惯性思维扩展到生活的每一个角落，无疑这将演变成刻板的思维，从而造成认知上的偏差。

鸟笼如果做得足够精致，我们完全可以将其作为一种观赏品；真正相爱的人也可以学学流行趋势，先"裸婚"后买房……面对生活中的烦恼和问题，我们不妨偶尔尝试一下发散思维，用"突破鸟笼"的方式进行多角度、多层次的思考，不受现有知识和习惯的约束，而是在多种方案和途径中探索，这样一来，很多问题便会迎刃而解。

麦克是一家大公司的高级主管，他面临一个两难的境地。一方面，他非常喜欢自己的工作，也很喜欢工作带来的丰厚薪水，他的位置使他的薪水只增不减。但是，另一方面，他非常讨厌他的老板，经过多年的忍受，他发觉已经到了忍无可忍的地步了。在这种情况下，相信大部分人都会选择跳槽这条路。麦克也一样，在经过慎重思考之后，他决定去猎头公司重新谋一个别的公司高级主管的职位。猎头公司告诉他，以他的条件，再找一个类似的职位并不费劲。

回到家中，麦克把这一切告诉了他的妻子。他的妻子是一个教师，那天刚刚教学生如何重新界定问题，也就是把你正在面对的问题换一个角度考虑，把正在面对的问题完全颠倒过来看——不仅要跟你以往看这问题的角度不同，也要和其他人看这问题的角度不同。她把上课的内容讲给了麦克听，麦克也是高智商的人，他听了妻子的话后，一个大胆的创意在他脑中浮现了。

第二天，他又来到猎头公司，这次他是请公司替他的老板找工作。不久，他的老板接到了猎头公司打来的电话，请他去别的公司高就，尽管他完全不知道这是他的下属和猎头公司共同努力的结果，但正好这位老板对于自己现在的工作也厌倦了，所以没有考虑多久，他就接受了这份新工作。

这件事最美妙的地方，就在于老板接受了新的工作，结果他目前的位置就空出来了。麦克申请了这个位置，于是他就坐上了以前他老板的位置。

这是一个真实的故事。在这个故事中，麦克本意是想替自己找份新工作，以躲开令自己讨厌的老板。但他的妻子让他懂得了如何从不同的角度考虑问题，结果，他不仅仍然干着自己喜欢的工作，而且摆脱了令自己烦恼的老板，还得到了意外的升迁。

所以说在面对问题时，不能只从问题的直观角度去思考，要不断发挥自己智慧的潜力，从相反的方面寻找解决问题的办法，就会使问题出现新的转折。

调节自己的思想，实际上就是换一种思路。生活中的许多事情，当我们用旧的方法、旧的习惯行不通时，就要考虑换一种"手段"，换一种思路，说不定这一换，就换出了一条全新的阳光大道。一个人的思想认识要随着社会生活的发展变化，不断地调节、转变，就能使人遇事时扭转局面。

调节思想认识就是转变思路，改变习惯，换一种思路海阔天空。 看来做任何事，当我们感到困惑或尴尬时，当我们无能为力时，不能总是按规矩、老习惯、老脑筋去办。 社会发展变化了，你就要多考虑考虑，能不能从另一个方面入手，能不能换一种思路，能不能从另一个角度思考，能不能改变一下固有的做法。 只要你这样去思考，不断调节自己的思想，不把自己固定在一种模式里，你就可能找到出路，就可能获得成功。

第二章

踢猫效应：做情绪的主人，控制你的愤怒

踢猫效应：发怒之前先想想后果

一父亲在公司受到了老板的批评，回到家就把沙发上跳来跳去的孩子臭骂了一顿。 孩子心里窝火，狠狠去踹身边打滚的猫。 猫逃到街上，正好一辆卡车开过来，司机赶紧避让，却把路边的孩子撞伤了。

这就是心理学上著名的"踢猫效应"，描绘的是一种典型的坏情绪的传染所导致的恶性循环。

一般而言，人的情绪会受到环境以及一些偶然因素的影响，当一个人的情绪变坏时，潜意识会驱使他选择无法还击的弱者发泄。 受到强者情绪攻击的人又会去寻找自己的出气筒。 这样就会形成一条清晰的愤怒传递链条，最终的承受者，即"猫"，是最弱小的群体，也是受气最多的群体，因为也许会有多个渠道的怒气传递到他这里来。

现代社会中，工作与生活的压力越来越大，竞争越来越激烈。 这种紧张很容易导致人们情绪的不稳定，一点不如意就会使自己烦恼、愤怒起来，如果不能及时调整这种消极因素带给自己的负面影响，就会身不由己地加入到"踢猫"的队伍当中——被别人"踢"和去"踢"别人。

在现实的生活里，我们很容易发现，许多人在受到批评之后，不是冷静下来想想自己为什么会受批评，而是心里面很不舒服，总想找人发泄心中的怨气。

其实这是一种没有接受批评、没有正确地认识自己错误的一种表现。受到批评，心情不好这可以理解。但批评之后产生了"踢猫效应"，这不仅于事无补，反而容易激发更大的矛盾。

千万别动不动就指责别人，喜怒无常，改掉这些坏毛病，努力使自己成为一个容易接受别人和被人接受、性格随和的人。只有这样的人才能成大事。

动辄愤怒是很多人的习性，这有碍于办成事、做大事。为什么？

我们每个人都避免不了动怒，愤怒情绪也是人生的一大误区，是一种心理病毒，它同其他病一样，可以使你重病缠身，一蹶不振。也许你会说："是的，我也明知自己不该发怒，但就是控制不住自己。"若你是一个欲成大事者，你就应该注意，能不能消除愤怒情绪与你的情绪控制能力有关。

其实，并非人人都会不时地表露自己的愤怒情绪，愤怒这一习惯行为可能连你自己也不喜欢，更不用说他人感觉如何了。因此，你大可不必对它留恋不舍，它不能帮助你解决任何问题。任何一个精神愉快、有所作为的人都不会让它跟随自己。

商业活动中，常有意想不到的事发生。我们都知道，商业活动是带有很强的人情色彩的，如果处理不好的话，不仅会伤害对方的自尊，严重的甚至会直接影响商业的声誉和成败。这时你必须会调整自己的情绪，才能把事情办成。

一天下午，一位外国人突然气势汹汹地闯进某饭店的经理室："你就是经理吗？刚才我在大门口滑倒摔伤了腰。地板这么滑，连个防滑措施都没有，太危险了，马上送我去医院。"

见此情景，经理很客气地说："这实在抱歉得很，您的腰部不要紧吧？我们马上就送您去医院，请您稍坐一下。"

外国人坐在椅子上，继续抱怨不停。饭店经理见对方已经镇定下来，便温和地说："请您换上这双鞋，我已和医院联系好了，现在我就送您去。"

其实早在外国人闯进来时，经理已经知道他的腰部没有多大问题。所以当外国人离开经理室时，就把换下的鞋悄悄交给秘书说："这双鞋后跟已经磨薄了，在我们从医务室回来以前把它送到楼下修鞋处换上橡胶后跟。"

检查结果，果如所料，未发现任何异常，他本人也完全冷静了下来，随后一同回到经理室。经理说："没有什么异常，比什么都好，这就放心了。请喝杯咖啡吧！"

外国人也感到自己方才太冒失了："地板太滑，太危险，我只是想让你们注意一下，别无他意。"

经理说："很冒昧，我们擅自修理了您的鞋，据鞋匠说，是后跟磨薄以致打滑。"

外国人接过刚刚修好的鞋，看到合适的橡胶鞋跟时，对鞋匠高超的技巧大为惊讶，便高兴地说道："经理，实在谢谢您的厚意，对您给予的关怀照顾我是不会忘记的。"于是，愉快地握手后，外国人再次向经理道谢，才走出经理室。

经理送他出门说："请您将这个滑倒的事忘掉吧，欢迎您再来。"外国人频频道谢，消失在人群中。

从此，只要这个外国人来此地，必定住这个饭店并到经理室致意。

事情不总是一帆风顺的，因此，当面对意外情况时，我们首先不要惊慌，要冷静一下，再去解决它。这个饭店的经理，就是一个很有"手段"的管理者，他懂得先以温和的语言将客人情绪稳定下来，以柔克怒，再用周到的服务使一腔怒气化成满心欢喜，转祸为福，给饭店带来了很好的声誉。

会控制自己情绪的人，才能掌控别人。无法管理自己情绪的人，他往往伤害了自己，又得罪了他人。因此，在关键时刻是不可以让怒火左右情感的，不然你会为此付出代价。那么怎样消除愤怒情绪呢? 下面几种方法我们可以借鉴。

1. 愤怒的误区

如果你仍然决定保留心中愤怒的火种，你可以以不造成重大损害的方式来发泄愤怒。然而，你不妨想想，你是否可以在沮丧时以新的思维支配自己，且以一种更为健康的情感来取代使你产生惰性的愤怒，虽然世界绝不会像你所期望的那样，你很可能会继续厌烦、生气或失望；但无论如何，你完全可以消除那种不利于精神健康的有害情感——愤怒。

每当你以愤怒来应对他人的行为时，你会在心里说："你为什么不跟我一样呢？这样我就不会动怒，甚至会喜欢你。"然而，别人不会永远像你希望的那样说话、办事；实际上，他们在大多数情况下都不会按照你的意愿行事。这一现实永远不会改变。所以，每当你为自己不喜欢的人或事动怒时，你其实是不敢正视现实而让自己经受情感的折磨，从而使自己陷入一种惰性。为根本不可能改变的事物自寻烦恼真是太愚蠢了。其实，你大可不必动怒；只要你想想，别人有权以不同于你所希望的方式说话、行事，你就会对世事采取更为宽容的态度。对于别人的言行，你或许不喜欢，但决不应动怒。动怒只会使别人继续气你，并会导致生理上心理上的病症。真的，你完全可以做出选择——要么动怒，要么以新的态度对待世事，从而最终消除愤怒。

也许你认为自己属于这样一类人，即对某人某事有许多愤愤不平之处，但从不敢有所表示。你积怨在胸，敢怒不敢言，成天忧心忡忡，最后积怨成疾。但是，这并不是那些咆哮大怒的人的反面。在你心里，同样有这样一句话："要是你跟我一样就好了。"你心想，别人要是和你一样，你就不会动怒了。这是一个错误的推理，只有消除这一推理，你才能消除心中的怨怒。以新的思维方式看待世事，以致根本不动怒，这才是最为可取的。你可以这样安慰自己："他要是想捣乱，就随他去，我可不会为此自寻烦恼。对他这种愚蠢行为负责的，是他不是我。"你也可以这样想："我尽管真不喜欢这件事，却不会因此陷入愤怒的误区。"

所以，为了消除这一误区，首先你要以一种平静的方式勇敢地表示出自己的愤怒，然后，以新的思维方式让自己保持精神愉快；最后，不再对任何人的行为负责，不因为别人的言行影响自己的精神状态。你可以学会不让别人的言行搅乱自己的心境。总之，你只要自尊自重，拒绝受别人的控制，便不会用愤怒折磨自己。

2. 消除愤怒的最佳方法——幽默

生活中有些人，他们对生活的态度严格得近乎呆板，这当然是一种不可取的态度。只要我们观察一下周围那些精神愉快的人就会发现，他们最为明显的特点是善意的幽默感。让别人开怀大笑，在笑声中观察五彩缤纷的现实生活，这是消除愤怒的最佳方法。

对于"幽默"这个词，我们也许并不陌生，然而，究竟什么是幽默呢？心理学家认为：幽默是人的个性、兴趣、能力、意志的一种综合体现，它是语言的"调味品"。有了幽默，什么话都可让人觉得醇香扑鼻，隽永甜美。它是引力强大的磁铁。有了幽默，便可以把一颗颗散乱的心引入它的磁场，让每个人的脸上绽开欢乐的笑容。它是智慧的火花，可以说，幽默与智慧是天然的孪生儿，是知识与灵感勃发的光辉。

幽默中渗透着一种紧张的意志。富有幽默感的人往往是一个奋力进取者。

幽默也能展示人的乐观豁达的品格。半夜时分小偷光临，一般不会令人愉快，可巴尔扎克却与小偷开起了玩笑。巴尔扎克一生写了无数作品，却常常手头拮据，穷困潦倒。有一天夜晚，他正在睡觉，有个小偷摸进他的房间，在他的书桌里乱摸。巴尔扎克惊醒了，但他并没有喊叫，而是悄悄地爬起来，点亮了灯，平静地微笑着说："亲爱的，别翻了。我白天都不能在书桌里找到钱，现在天黑了，你就更别想找到啦！"

幽默，实在具有神奇的魅力：可以为懒惰者带来活力，可以为勤奋者驱散疲惫；可以为孤僻者增添情趣，可以使欢乐者更加愉悦……

你的生活是否过于严肃，以至于你所看到的都是生活的荒谬之处？每当你的言行过于严肃时，提醒自己，你所享有的时间只是现在。当开怀大笑可以使你如此愉快时，为什么要以愤怒折磨自己呢？

笑吧，为笑而笑，这就是笑的理由。其实，你并不需要为笑寻找理由，只要笑，这就足够了。冷静地观察生活在这个世界上的各种人——包括你自己，而后再决定选择愤怒还是幽默。请记住，幽默会使你和其他人都得到生活中最珍贵的礼物——笑。开怀大笑吧，笑声会使你的生活充满阳光。

3. 愤怒的表现形式

不管在什么时候，你都可以看到人们动怒的情形。不管在什么地方，你都可以看到人们陷入不同程度的愤怒——从轻微的烦躁不安到严重的咆哮大怒，尽管愤怒是一种逐渐形成的习惯，但它也是一种侵蚀人际关系的癌症。下面是人们愤怒的常见情形。

（1）当他人干事马虎、丢三落四时动怒——尽管你的怒气很可能会鼓励别人继续自行其是，而你自己也会继续气下去。

（2）对无生命的东西动怒——要是你胫骨给撞了或大拇指给锤子砸了，尖叫一声倒可以减轻不少痛苦。但如果你为此大动肝火并做出某种行为，如用拳头砸墙，那样不仅无济于事，反而会使你更加痛苦。

（3）因丢失东西动怒——不管你怎样咆哮大怒，丢失的钥匙或钱夹都不会物归原主。相反，它只会阻碍你有效地寻找遗失的物品。

（4）因个人不能控制的天下大事动怒——你可以不满意政治局势、外交关系或经济状况，但你的愤怒以及随之而来的惰性却不会改变任何事情。

上面我们列举了人们可能动怒的若干情况，现在让我们看看愤怒有哪些主要形式：

（1）责骂讥讽——经常对爱人、孩子、父母或朋友如此。

（2）粗暴行为——摔东西、掼门甚至动手打人等。当此类行为走向极端时，便会导致暴力犯罪。

（3）语言发泄——"他真把我气死了""你太让人生气了""宰了他""揍扁他们"或"逆我者亡"等等。虽然你可能会认为这仅仅是讲讲而已，但这些话确助长愤怒情绪和暴力行为，会使友好竞赛变成愤怒逞强的暴力争斗。

（4）大发脾气——这不仅是通常表示愤怒的方式，而且往往使发脾气的人如愿以偿。

（5）嘲弄、讥讽、生闷气——这些方法同暴力行为一样，具有很大的破坏作用。

4. 消除心中的怒气

发怒，完全是一种可以消除与避免的行为，只要好好地把握自己，你就可以让自己走出这一误区。当然，你需要选择很多新的思维方式，并且需要逐步实现。每当你遇到使你愤怒的人或事时，要意识到你对自己说的话，然后努力用思维控制自己，从而使自己对这些人或事产生新的看法，并做出积极的反应。下面是消除愤怒情绪的若干具体方法。

（1）当你愤怒时，首先冷静地思考，提醒自己，不能因为过去一直消极地看待事物，现在也必须如此，自我意识是至关重要的。

（2）当你想用愤怒情绪教育孩子时，可以假装动怒，提高嗓门儿或板起面孔，但千万不要真的动怒，不要以愤怒所带来的生理与心理痛苦来折磨自己。

（3）不要欺骗自己。你可以讨厌某件事，但你不必因此而生气。

（4）当你发怒时，提醒自己，人人都有权根据自己的选择来行事，如果一味地禁止别人这样做，只会延长你的愤怒。你要学会允许别人选择其言行，就像你坚持自己的言行一样。

（5）请可信赖的人帮助你。让他们在你动怒时提醒你。

（6）在大发脾气之后，大声宣布你又做了件错事，现在你决心采取新的思维方式，今后不再动怒。这一声明会使你对自己的言行负责，并表明你是真心实意地改正这一错误。

（7）当你要动怒时，尽量不要靠近你所爱的人。

（8）当你不生气时，同那些经常受你气的人谈谈心，互相指出对方最容易使人动怒的那些言行，然后商量一种办法，平气静心地交流看法。比如可以写信，或由中间人传话亦或是一起去散步等，这样你们便不会以愤怒相待。

（9）当你要动怒时，花几秒钟冷静地描述一下你的感受和倾听对方诉说自己的感受，以此来消气。最初10秒钟是至关重要的，一旦你熬过这10秒钟，愤怒便会逐渐消失。

（10）不要总是对别人抱有期望。只要没有这种期望，愤怒也就不复存在了。

在遇到挫折时，不要屈服于挫折，应当接受逆境的挑战，这样你便没有空闲来动怒了。

愤怒没有任何好处，它只会妨碍你的生活。同其他所有误区一样，愤怒使你以别人的言行确定自己的情绪。现在，你可以不用理会别人的言行，大胆选择精神愉快——而不是愤怒。

5. 避免发怒的方法

愤怒是一种不良的情绪状态。古代素有"怒伤肝、喜伤心、忧伤肺、思伤脾、恐伤肾"的说法。生理研究表明，人在发怒时，会有一系列生理变化，如心跳加快、胆汁增多、呼吸紧迫、脸色改变，甚至全身发抖。这种情况对人的健康不利是不言而喻的。

怎样使自己不发怒呢？归纳起来有以下几种方法：

（1）当遭遇到能引起人发怒的刺激时，应当力求避开，眼不见，心不烦。这是自我保护性的制怒方法。

（2）在受到令人发怒的刺激时，大脑会产生强烈的兴奋灶，这时如果主动在大脑皮层里建立另外一个兴奋灶，用它去找到或消除引起发怒的兴奋灶，就会使怒气平息。比如盛怒下的妻子，看到可爱的孩子天真的表演会怒气全消就是这个道理。

（3）怒从何来？常常是虚荣心强、心胸狭窄、感情脆弱、盛气凌人所致，对此，可以用疏导的方法将烦恼与怒气导引到高层次，升华到积极的追求上，以此激励起发奋的行动，达到转化的目的。

（4）有人在要发泄怒气时，心中默念"不要发火，息怒、息怒"，会收到一定效果。这是一种主动的意识控制，主要是用自己的道德修养、意志修养缓解和降低愤怒的情绪。

总之，你应当提高自己控制愤怒情绪的能力，时时提醒自己，有意识地控制自己情绪的波动。千万别动不动就指责别人，喜怒无常，改掉这些坏毛病，努力使自己成为一个容易接受别人和被人接受、性格随和的人。只有这样的人才能成大事。

心理摆效应：别让情绪随钟摆

心理学家研究表明，人的情绪不仅会在短时间内呈现出较大的波动，而且也会在长时期内出现由高涨到低潮的周期性变化。这种心理现象便是"心理摆效应"。

在外界刺激下，人们常常会产生各种不同的情绪。每一种情绪都有不同的等级，还有着与之相对立的情感状态，像爱与恨、喜与悲等等。研究表明，在特定背景的心理活动过程中，感情的等级越高，呈现的"心理斜坡"就越大，越容易向相反的情绪状态转化。比如，假如你现在情绪高昂，可能在接下来的某一时刻，你会因为某种突如其来的外界刺激，很快感到无比沮丧。反之亦然。

林则徐因主持禁烟（鸦片烟）运动，不向外国势力屈服，而被后人敬仰、颂扬。

据传，林则徐初到广东主政的时候，常常感到怒不可遏。因为他所面对的，不仅是贪腐成性的本国官员、骄横无礼的英国商人，还有二者毫无廉耻的勾结以及上司毫无道理的阻挠。每当此时，林则徐都要盯看书房中悬挂的那块匾，沉吟良久。那匾上写有两个大字——"制怒"。每次，林则徐都要等怒气消散后，才去处理政事。后来，经过明察暗访、周密部署，终于将广东各地的鸦片烟一网打尽。"虎门销烟"的壮举，显示了中国人抵抗外侮的决心和胆魄。

大起大落的情绪不仅会给自己的身心带来伤害，还会让我们失去理智，做出一些出格的举动。情绪化地处理问题，虽然可以逞一时之快，却不能实际地解决问题，还常常把事情弄得更糟。身居要职的林则徐当然深明此理。"制怒"二字所起的作用，也就在于提示和警醒——在怒气的峰顶，做一番缓冲，重回理性、理智。

20 世纪初，英国医生费里斯和德国心理学家斯沃博特同时发现了一个奇怪的现象：有一些患有精神疲倦、情绪低落等症状的患者，每隔 28 天就来治疗一次。他们由此将 28 天称为"情绪周期"，认为每个人从出生之日起，情绪以 28 天为周期，发生从高潮、临界到低潮的循环变化。在情绪高潮期内，我们会感觉心情愉悦，精力充沛，能够平心静气地做好每件事情；在情绪的临界期内，我们会觉得心情烦躁不安，容易莫名其妙地发火；而在情绪低潮期内，我们的情绪极度低落，思维反应迟钝，对任何事情都提不起兴致，严重时还会产生悲观厌世的情绪。

既然我们已经知道情绪会像钟摆一样，发生周期性的波动，那么，如果我们可以根据自身的情绪周期，对自己的生活做一些调整。我们可以通过有意识的记录，确定自己情绪变化的周期，以便提前预知自己的情绪变化，避免情绪给我们的生活带来的负面影响，比如在自己情绪比较好的时候做那些比较复杂的事，而在自己情绪稍差的时候做那些平时喜欢做的事，等等。

另外，在被坏情绪纠缠的时候，也要懂得倾诉与自我调理、自我安慰。印度电影《三傻大闹宝莱坞》的主人公们，每当遭遇困难的时候，都会以手抚心，在口中默念"All is well（一切都会好起来的）！"这其实是一种很好的心理暗示。

罗杰是一个普通的上班族收入不多，然而，他过着非常快乐的生活。

罗杰很爱车，但是，凭他的收入想买车是不可能的事情，与朋友们在一起的时候，他总是说："我要是有一辆车该多好啊！"眼中尽是无限向往之情。

后来有人说："你去买彩票吧，中了大奖就可以买车了！"

于是罗杰买了两块钱的彩票。可能是上天过于照顾他吧，朋友们几乎不敢相信，罗杰就凭着两块钱的一张彩票，果真中了大奖。

罗杰终于实现了自己的愿望，他买了一辆车。他一有时间就开着车兜风，许多人常看见他吹着口哨在路上行驶，车子擦得一尘不染。

一天，罗杰把车泊在楼下，半小时后下楼时，发现车被盗了。

刚开始，罗杰有些遗憾，但更多的是气愤，他恨透那个偷车贼了。他晚上思考了很久，第二天早晨，他又变得很开心。

几个朋友得到消息，想到他爱车如命，花这么多钱买的车眨眼工夫就没了，都担心他受不了，就相约来安慰他。

朋友们说："罗杰，车丢了，你千万不要悲伤啊！"

罗杰却大笑起来："嘿，我为什么要悲伤啊？"

朋友们疑惑地望着他。

"如果你们谁不小心丢了两块钱，会悲伤吗？"罗杰说。

"那当然不会！"有人说。

"是啊，我丢的就是两块钱啊！"罗杰笑道。

是的，不要为两元钱而悲伤。罗杰之所以过得快乐，就因为他能够驾驭生活中的负面情绪。

负面情绪会成为前进道路上的桎梏，如果对负面情绪采取放任自流的态度，就会很容易影响生活。

几年前，东京电话公司处理了一次事件。一个气势汹汹的客户对接线生口吐恶言，威胁要把电话连线拔起。他拒绝交付那些费用，说那些费用是无中生有。

他写信给报社，并到公共服务委员会做了无数次申诉，也告了电话公司好几状。最后，电话公司派一个最干练的调解员去会见他。

　　调解员来到客户家里，道明来意。愤怒的客户痛快地把他的不满发泄出来，调解员静静地听着，不断地说"是的"，同情他的不满。这次见面花了6个小时。

　　调解员与愤怒的客户就这样会了4次面，到最后，客户变得友善起来了。

　　调解员说："在第一次见面的时候，我甚至没有提出我去找他的原因，第二、三次也没有，但是第四次我把这件事完全解决了。他把所有的账单都付了，而且撤销了那份申诉。"

　　事实上，那个用户所要的是一种重要人物的感觉，他先以口出恶言和发牢骚的方式取得这种感受。但当他从一位电话公司的代表那里得到了重要人物的感觉后，无中生有的牢骚就化为乌有了。

　　这个聪明的调解员就这样轻易地驾驭了负面情绪，把负面情绪转化成了一种成功的动力。

　　保持健康的情绪状态，还需要在头脑中装上一个控制情绪活动的"阀门"，让情绪活动听从理智和意志的节制，而绝对不能放任自流。

　　凡是理智和意志能有效地节制情绪的人，也就能基本保持情绪的平静和稳定，这是他取得成功的关键。

　　驾驭自己的负面情绪，努力发掘、利用每一种情绪的积极因素，是一个人成功的基本保证。

　　许多不善于利用自己情感智力的人，面对负面情绪侵扰的时候，总感到无所适从，任其啃噬心灵。

不少人特别在意别人对自己的感觉，诸如，自己穿了件时装，别人会怎样评价；自己的某个动作，别人会如何看待；甚至不小心说了一句什么话，也会后悔不迭，总担心别人会因此对自己有看法。生活在别人的眼光中，是非常累的，无疑会对自己的情绪有负面影响。

莫娜在某届运动会上被公认为夺冠人选，她进场时引起了大家的欢呼，她也很高兴地对大家挥手致意。

不料，这时的她被台阶绊了一下，摔倒了。

面对如此多的观众，莫娜感到十分没面子，心里升腾起一种羞愧的感觉，直到进入比赛，她还没有从羞愧的情绪里走出来。结果，她没有发挥出自己的水平，比赛成绩远远落在了其他队员的后面。

其实，一些小事根本就不值得一提，别人根本没有在意或早已忘却，只有你还记在心里耿耿于怀，这就是人们无法战胜自己的体现。人们总是努力地想去扮演一个完美主义者的形象，然而这似乎太苛刻了，只会加重你情绪的负面影响，给自己的心理造成障碍。

杜利奥定律：保持积极乐观的心态

杜利奥定律是由美国自然科学家、作家杜利奥提出的，他说："没有什么比失去热忱更使人觉得垂垂老矣。"如果精神状态不佳，一切都将处于不佳状态，这对人的影响是最大的。这里强调的是心态的重要性。积极心态与消极心态的差别，就像两根材质相似的木头，一根因被点燃而发热、发光，一根因被丢弃而发霉、朽烂。同样，人生也因"点燃"与否(心态积极与否)走向截然不同的命运。

医院的某间病房里住着两个病人，一个住在窗边，一个住在墙边。靠墙的人整天唉声叹气，为自己的病情担忧。靠窗的则常给他讲窗外的景色：哪种花开了，有蝴蝶飞来又飞走了，园丁正在修剪树枝、花枝……窗外的生机似乎被他的话引进病房了。靠墙的人的心情也好了许多，他不由得羡慕起靠窗的病人。某天深夜，靠墙的病人忽然听见室友苦苦挣扎的呻吟声。他叫来了医生，遗憾的是那人还是死了。经过申请，之前靠墙住的病人搬到了窗边。然而，他并没有看到花、草、蝴蝶，因为那窗外分明只有一堵墙。

故事中的"墙"和"窗"有着双层寓意：现实中的墙和窗，常常给人阻碍、通透两种截然不同的感觉。而心理上的墙和窗，则可以看作是积极心态与消极心态的分水岭——心中筑起高墙的，即便靠窗而居，也难以真正领略窗外的美景；心中开启窗户的，则可以在高墙阻隔前，放飞想象的翅膀。心态确实影响着世界在我们眼中的样子，也影响着我们在这个世界里的行为。

我们在生活中不难发现这样一些年轻人，他们年纪轻轻却毫无朝气，正值英年却没什么目标。对他们而言，今天与昨天、明天与今天没有什么不同，活着似乎只是为了活着。电影《本命年》里的一句台词对此有很贴切的描述——"忙吧，没劲；闲吧，也没劲。上班吧，没劲；在家待着，还没劲。睡觉吧，没劲；不睡觉吧，也没劲。活着吧，没劲；死了吧，更没劲。"这里固然有社会环境、文化氛围等因素的影响，但是个体心态也是一个重要方面。所谓"生活中并不缺少美，只缺少发现美的眼睛"，说的也是这个问题。

著名的成功学大师拿破仑·希尔曾经讲过这样一个故事：塞尔玛陪伴丈夫驻扎在一个沙漠的陆军基地里。每当丈夫奉命到沙漠里去演习时，她就会非常难过，不仅因为暴热的天气，还因为她没有可以交流的对象，沙漠里的墨西哥人和印第安人都不会说英语。在给父母的信中，塞尔玛表示要丢开一切回家去。数日后，她接到了父亲简短的回信——两个人从牢中的铁窗望出去，一个看到泥土，一个却看到了星星。短短的这句话改变了塞尔玛的决定。此后，她开始尝试热情地和当地人交朋友，对方也非常喜欢她这个新朋友。沙漠中漂亮的手工艺品、让人着迷的仙人掌和各种沙漠植物都给她留下了深刻的印象，原来难以忍受的环境却变成了让她流连忘返的奇景。

如果从心理学的角度来分析，能够发现沙漠没有变化，环境也还是原来的那样，但是塞尔玛的心态改变了，由此她眼中的世界也变得可爱起来。重新燃起的生活热情使她把这次旅行当成一生中最有意义的冒险，在兴奋的同时她还为此写了一本书，叫作《快乐的城堡》。

作家拉尔夫·爱默生曾经说过的一句话可以很好地诠释杜利奥定律的精髓，他说："一个人如果缺乏热情，那是不可能有所建树的。热情像糨糊一样，可以让你在艰难困苦的场合里紧紧地粘在这里，坚持到底。它是在别人说你不行时，发自内心的有力声音——我行。"杜利奥定律告诉我们，如果一个人失去了热情，那么，他的一切都将处于不佳状态。处于抑郁、沮丧情况下的人无法有效地对外部信息进行分析或者妥善地处理。如果持续情绪沮丧，甚至会压制大脑的思维能力，严重时还会影响人的智力发挥。

我们可以从以下几个方面尝试激发积极心态，避免消极心态：

第一，认识到长时间的消极情绪不但不能使人获益，反而会消磨一个人的意志，然后，有意识地加以克服。意识就是这样，有时只是一层薄纸；可是在这层薄纸被点破之前，便像隔着万水千山。

第二，学会看到事情的积极一面。许多事情都是不断变化的，比如"否极泰来""塞翁失马焉知非福""艰难困苦玉汝于成"都是这个意思——不要只盯着消极的一面不放。要学会辩证地看，努力发现阳光。

第三，如果你不是个乐观的人，那么交几个乐观的朋友绝对是一条变得乐观的捷径！人是社会的动物，人与人之间总是相互影响的。在长久地交流、倾诉、倾听之后，你也会走出自己的小世界，发现看待这个世界的不同角度，然后在不知不觉间发生变化。你可能终生都未必和你的朋友一样，可是他们的乐观会影响到你的态度。

第四，亲近自然，多多参加体育锻炼。古希腊神话中有这样一个神，他一旦离开大地就会失去神力，变得不堪一击。其实，人也是离不开自然的动物。可随着生活节奏的加快、城市化进程的大踏步前进，我们和我们的自然母亲已经日渐隔绝了。不过，公园、市郊还是可以算作聊胜于无的替代品。

第五，体育运动在调整心态方面也有很好的功用。在运动中，人们可以宣泄负面情绪，不仅可以提高身体素质，而且能很好地调节情绪。

皮格马利翁效应：说我行，我就行

　　"皮格马利翁效应"是由美国著名心理学家罗森塔尔和雅格布森通过实验反复证明的理论，因而又称"罗森塔尔效应"。 1968 年，两位心理学家来到一所小学，他们从中选了 3 个班级进行"发展测验"，然后以赏识的口吻把将有优异发展可能的学生名单交给了老师。 8 个月后，他们回到学校，发现名单上的学生成绩有了明显进步，而且人格发展也日趋完善，与教师关系也特别融洽。 实际上，心理学家提供的名单只是随机抽取的，却坚定了教师对名单上的学生发展优势的信心，因而在平时给予他们更多的期望、赞美和信任。 而学生在教师的积极暗示下，潜移默化，自然进步神速。 "皮格马利翁效应"启示人们，积极期望具有一种能量，它能改变人的行为，使人变得自尊、自信，获得积极向上的动力。

　　神秘的古希腊神话中，有一位国王叫皮格马利翁。他性情孤僻高傲，常常一个人生活，但是却能雕刻出惟妙惟肖的作品。后来，他用象牙雕刻出了一座自己心目中的理想美女像，给她取名叫加勒提亚。他和雕像相依为伴，把自己全部的热情和希望都投射在这个被雕刻出来的少女雕像身上，加勒提亚被他深深的爱打动，从雕像变成了真人。皮格马利翁于是娶她为妻。

这个美丽的神话故事告诉人们，只要你一直想着一件事，并期望这件事能朝着你心中所想的那样发展下去，它就会变成现实。 或者你抱着百分之百的心态对待一件事，它就能实现。

1961 年，皮尔·保罗担任诺比塔小学的董事长兼校长。诺比塔小学坐落于纽约声名狼藉的大沙头贫民窟。这里是偷渡者和流浪汉的聚集地，环境肮脏，充满暴力。生活在这里的孩子们几乎个个从小就染上了逃学、打架、偷窃甚至吸毒的恶习。

皮尔·保罗想了很多方法，也没能改变孩子们的现状，他们依然旷课、斗殴，打砸教室的玻璃和黑板。在一次偶然的机会下，他发现此地盛行迷信，于是上课时就多了一项内容——给孩子们看手相，希望以此激励、改变学生。

当一个黑人小男孩儿把手伸向讲台，皮尔·保罗说："我一看你修长的小拇指就知道，将来你是纽约州的州长。"这句话让小男孩儿大吃一惊，从没有人告诉他可以走出这个贫民窟，哪怕是从事一份体面的工作。可是，校长竟然预言他将来会当州长。这多么激动人心！

从那天起，小男孩儿的衣服上不再沾满泥土，说话也不再夹杂着粗言秽语。他开始挺直腰板儿走路，在以后的几十年间，无时无刻不按州长的身份要求自己。

51岁那年，昔日的黑人小男孩儿终于当上了州长。他就是罗杰·罗尔斯——美国纽约州历史上的第一位黑人州长。

当罗杰·罗尔斯回答记者"是什么把你推向州长宝座"的问题时，他只谈到了一个名字——皮尔·保罗。

皮尔·保罗校长的一句美好"预言"扭转了一个贫民窟男孩儿的命运，他充当了"皮格马利翁"的角色，而罗杰·罗尔斯这个原本被视为"烂泥扶不上墙"的穷孩子，在校长的积极期待中下意识地一直按照州长的形象塑造自己，改掉陋习，脱胎换骨，最终实现了校长的预言。其实，在他人的期待下，自我暗示也起着极大的作用。当你告诉自己"我能行"，实际上，结果往往真的是"我行了"。

"皮格马利翁效应"在现实生活中的应用十分广泛，比如在教育领域的赏识教育，还有在管理领域的赞美激励措施，那么，在情绪心理方面，它能带给人们什么启示呢？

"皮格马利翁效应"其实体现的就是暗示的力量。他人期望的影响正是通过本人内化为自我期望，才能对个人行为真正起作用。而这个自我期望就是自我暗示。一个人的自我期望如何，取决于这个人的自我认识。积极的自我认识，就会期望"我行"，坚信自己是聪明的、有能力的、能干好某事的、能学好功课的、能承担一切任务的、能控制某种情绪的等，结果真的能够如愿以偿。 反之，则是消极的自我认识，意味着自我暗示"我不行"，那结果将很糟糕。

生活中我们或许有这样的经验，小时候如果生了一次小病，为了光明正大地逃学，留在家里看电视，我们就会装腔作势地向妈妈渲染病情，当大人们终于信以为真的时候，我们发现反而不能如愿以偿地开心玩游戏了，因为我们的身体不适没有消失，反而更重了。 这就是自我暗示。 又比如，当你穿了一件自以为很漂亮的衣服去上班，结果好几个同事都说不好看，你就开始怀疑自己的审美观和判断力了。 于是下班后，你回家做的第一件事就是把衣服换下来，并且决定把它放在衣柜里"冷藏"。

人很容易受到心理暗示的影响，当你告诉自己要冷静的时候你就会慢慢冷静下来，当你告诉自己"这事真让人生气"的时候你就会真的生气。 心理暗示包括自我暗示和他人暗示。 一个人如果缺乏独立人格和自我，就会很容易不加批判地受到他人暗示的影响，不管是正面和负面影响都会照单全收。 这样非常不利于个人情绪的培养。

"皮格马利翁效应"可以改变一个人的外貌、性格和命运。 而在情绪管理中，坚持积极的心理暗示，能改变一个人的情绪。 在实际生活中，我们可以充当自己的"皮格马利翁"，运用恰当的暗示手段调节情绪，使自己的情绪保持在最佳状态。

自我或他人暗示的力量振奋人心，然而值得人们注意的是，"皮格马利翁效应"更多地指向外界和他人对自我的影响，如果这种影响是积极的、正面的，则会朝着美好的方向发展；如果这种影响是消极的、负面的，则会出现不好的结果。 因此，在"皮格马利翁效应"面前，人们千万不能盲目地推崇它，完全被它左右。 外界的鼓励和批评是每个人都必须面对的问题，如果总是因为别人的态度而改变自己，需要别人的暗示才能行动和决定，不仅是一种很不成熟的表现，严重者还会产生依赖倾向。 只有自己的内心已经有了比较好的自我认知，人们才会有选择性地去进行积极暗示——无论是正面的欣赏，还是负面的批评。

美国心理学家瞿特举过一个例子：

> 有一天，友人弗雷德感到意气消沉。他应付情绪低落的办法通常是避不见人，直到这种心情消散为止。但这天他要和上司举行重要会议，所以决定装出一副快乐的表情。他在会议上笑容可掬，谈笑风生，装成心情愉快而又和蔼可亲的样子。

令他惊奇的是，不久他发现自己果真不再抑郁不振了。

弗雷德并不知道，他无意中采用了心理学研究方面的一项重要新原理——装着有某种心情，往往能帮助他们真的获得这种感受——在困境中有自信心，在不如意时较为快乐。

心理学家艾克曼的最新实验表明，一个人总是想象自己进入某种情境，感受某种情绪，结果这种情绪十之八九真会到来。 一个故意装作愤怒的实验者，由于角色的影响，他的心率和体温会上升。 心理研究的这个新发现可以帮助我们有效地摆脱坏心情，其办法就是"心临美境"。

例如，一个人在烦恼的时候，可以多回忆愉快的时候，还可以用微笑来激励自己。当然，笑要真笑，要尽量多想快乐的事情。为什么"自卖自夸"的人会容易成功？这是因为他们用肯定的方式使自己变得自信，并感染了自己，使自己变得成功。

积极心态来源于在心理上进行积极的自我暗示。反之，消极心态是经常在心理上进行消极的自我暗示的结果。它是一种自动的暗示，沟通人的思想与潜意识。它是一种启示、提醒和指令，它会告诉你注意什么、追求什么、致力于什么和怎样行动，因而它能支配影响你的行为。

一个人可以通过积极的心理暗示，自动地把成功的种子和创造性的思想灌输到潜意识的大片沃土中。相反，也可以灌输消极的种子或破坏性的思想，而使潜意识这块肥沃的土地满目疮痍。

也就是说，不同的意识与心态会有不同的心理暗示，而心理暗示的不同也是形成不同的意识与心态的根源。之所以说心态决定命运，正是以心理暗示决定行为这个事实为依据的。

第三章

首因效应：人际交往中的心理学法则

首因效应：第一印象决定人际成败

"首因效应"是由社会心理学家卢钦斯通过实验首次得到证实的。 它是指人与人在交往过程中给人留下的第一印象，这种印象会在人们的头脑中形成并占据主要的地位。

有位心理学家撰写了两段文字，讲的是一个叫吉姆的男孩儿一天的活动。其中一段将吉姆描写成一个活泼外向的人：他与朋友一起上学，与熟人聊天，与刚认识不久的女孩儿打招呼等；而另一段则将他描写成一个内向的人。

研究者让有的人先阅读描写吉姆外向的文字，再阅读描写他内向的文字；而让另一些人先阅读描写吉姆内向的文字，后阅读描写他外向的文字，然后请所有的人都来评价吉姆的性格特征。结果，先阅读外向文字的人中，有78%的人评价吉姆热情外向，而先阅读内向文字的人，则只有18%的人认为吉姆热情外向。

可见，人们在不知不觉中，倾向于根据最先接收到的信息来形成对别人的印象。

这就是第一印象的作用。第一印象又称为初次印象，指两个素不相识的陌生人第一次见面时所获得的印象。那么，第一印象真的有那么重要，以至于在今后很长时间内都会影响别人对你的看法吗？

一个新闻系的毕业生正急于寻找工作。一天，他到某报社对总编说："你们需要一个编辑吗？"

"不需要！"

"那么记者呢？"

"不需要！"

"那么排字工人、校对呢？"

"不，我们现在什么空缺也没有了。"

"那么，你们一定需要这个东西。"说着他从公文包中拿出一块精致的小牌子，上面写着"额满，暂不雇用"。总编看了看牌子，微笑着点了点头，说："如果你愿意，可以到我们广告部工作。"

这个大学生通过自己制作的牌子，表现了自己的机智和乐观，给总编留下了美好的"第一印象"，引起对方极大的兴趣，从而为自己赢得了一份满意的工作。并且，因为对他有良好的第一印象，总编一直对他印象颇佳。由此可见，第一印象真的很重要！

人们对你形成的某种第一印象，通常难以改变。而且，人们还会寻找更多的理由去支持这种印象。

有的时候，尽管你表现的特征并不符合原先留给别人的印象，人们在很长一段时间里仍然要坚持对你的最初评价。第一印象在人们交往时所产生的这种先入为主的作用，被叫作首因效应。

人类有一种特性，就是对任何堪称"第一"的事物都具有天生的兴趣并有着极强的记忆能力。承认第一，却无视第二。不经意地，你就能列出许许多多的第一。如世界第一高峰、美国第一个总统、第一个登上月球的人等等，可是紧随其后的第二呢？你可能说不上几个。

在生活中，每个人同样对第一情有独钟，你会记住第一任老师、第一天上班、初恋等等，但对第二就没什么深刻的印象。这就是"首因定律"的表现。

心理学家认为，第一印象主要是一个人的性别、年龄、衣着、姿势、面部表情等"外部特征"。一般情况下，一个人的体态、姿势、谈吐、衣着打扮等都在一定程度上反映出这个人的内在素养和其他个性特征。

无论你认为从外表衡量人是多么肤浅和愚蠢的观念，但社会上的人们每时每刻都在根据你的服饰、发型、手势、声调、语言等自我表达方式在判断着你。

无论你愿意与否，你都在留给别人一个关于你形象的印象，这个印象在工作中影响着你的升迁，影响着你的自尊和自信，影响着你的幸福感。

或许有人会认为第一印象不可靠，毕竟两个人不认识，彼此不了解，但是你可不要小看这第一印象。在你留给一个人的所有印象中，第一印象的作用最强，持续时间也是最长的，他是一个人或者是一个物体在人的头脑中形成一个整体的印象的基础和前提条件。 在日常人际互动中，人们所说的"一见如故""一见倾心""一见钟情"，也都是首因效应的力量。 如果在和某人第一次见面的时候，你没有能给他留下一个好的印象，那么以后想要留下好的印象将是一件非常困难的事。

20 世纪 70 年代，日本关西地区的搬家公司如雨后春笋般崛起，在这种形势下，夺田千代夫妇也开了一家搬家公司。

正当夫妇俩为如何宣传即将成立的搬家公司绞尽脑汁时，手里的电话号码簿给了他们灵感。日本的电话号码簿是按照行业分类的，同一行业的排列顺序又是以企业的日语字母为序，于是他们就给自己的公司起名为"阿托搬家公司"，公司的电话号码为"01234"。

一般来说，平时人们在电话号码簿中挑选搬家公司，排在第一位的总是很容易被发现并记住。夺田夫妇正是利用了这一规律为自己的公司做了一个免费广告，很快便吸引了大批用户，逐渐成为同行业中的佼佼者。

心理学家发现，人类对于任何堪称第一的事物，都具有天生的兴趣和极强的记忆能力，而对第二、第三等则往往印象不深。 夺田夫妇正是运用了首因效应使其搬家公司脱颖而出。 同样的道理，第一印象在社交场合也显得尤为重要。

读过《三国演义》的人或许还记得，被称为凤雏先生的庞统有着过人的才华，甚至能与诸葛亮比肩，但是，正是因为他外貌丑陋，第一次见面就给人留下了不悦的印象。孙权"见其人浓眉掀鼻，黑面短髯，形容古怪，心中不喜"，刘备"见统貌陋，心中亦不悦"，所以，孙权不用庞统，而刘备刚开始也仅仅把他封为一个小县令。

众所周知，外貌和才华、修养是没有必然联系的，但是礼贤下士的孙权、刘备尚且避免不了这种偏见，可见第一印象影响之大。有关心理学家通过研究发现，第一印象的形成非常短暂，有人认为是见面的前45秒，有人甚至认为是前两秒，一眨眼的工夫，人们就可以对某个人下结论了。所以，第一印象的形成对日后的交往起着非常大的作用。

在人们漫长的一生中，总是避免不了要接触、认识各种各样的人，有的或许只是一面之缘、萍水相逢，有的或许能带给你的生命一次重大的转机，但是无一例外都始于你留给他人的第一印象。比如求职面试，短短的几分钟就能让面试官决定是否留用你；比如相亲，匆匆一面，对方便能决定是否把你列入考虑范围；比如"见家长"，一次交谈便能决定你在对方父母眼里的形象……如果初次见面能给他人留下良好的印象，就等于为你的形象加了分，就等于扩展了你的社交领域。

外国有一个心理学家曾做过一个实验：他选出一组照片，分别分为好看、中等和难看三组，然后让人们对他们进行评价。结果出来一看，人们对漂亮的人的积极评价最多，而对长得难看的人的消极评价最多，要知道这些评价的人从未见过照片上的人，也从不知道他们的任何信息。

这个实验也就说明了，人们会在自觉和不自觉间对好看的事物和好看的人抱有好感，而对不能给人美感的人和物有一种抵触的情绪，原因就在于第一印象的作用。因此，我们在社会交往中，可千万要注意与人初次见面的第一印象。

在了解首因效应的原理及其对社会人群的行为影响后，一方面我们需要更为客观地去评价一个人，而尽量减少第一印象对其以后行为判断的影响；另一方面，也更需要注重自己在给他人第一印象时的表现。

首先要注重仪表风度，一般情况下人们都愿意同衣着干净整齐、态度落落大方的人接触和交往。从心理学上来分析，人们通常把那些外表吸引力强的人看作友善、聪明且善于社交的人。

其次要注意言谈举止。在形成第一印象的因素中，重要性仅次于外表吸引力的就是身体语言。有研究表明，在人际交往中，身体语言的信息要比有声语言信息的内涵多数倍。为了建立良好的第一印象，心理学家建议，坐的时候两脚要着地，坐和站的时候不要手臂交叉，还有要注意眼神接触等。

有位心理学家就初次交谈时应选择的姿态，提出了一些建议，被称为 SOLER 技术。S——坐着面对别人；O——姿势自然开放；L——身体微向前倾；E——目光接触；R——

放松。 如果以这种姿态跟陌生人谈话，就能够更好地表达在初次见面的情况下，你对对方的尊重、信任和关注，对方也会觉得你是一个坦诚、和蔼、善解人意的人，在这样的感觉中开始交谈，就会创造一个自然、融洽的谈话氛围，拉近双方的距离，沟通起来才会更自然。

再次，展开有效的谈话是树立良好第一印象的重要部分。 从心理学上看，人都需要被关注。 因此，在与人交往时，我们不能自顾自高谈阔论，却不给对方说话的机会。 一个善于交谈的人也是一个善于倾听的人，能在交谈时适当点头、保持沉默或改变语调，能够通过提问题使他人融入交谈，能够把握谈话气氛等。

在交友、招聘、求职等各种社交活动中，我们可以利用首因效应给人展示良好的第一印象。 第一印象一旦形成便很难改变，因此大家都要珍惜这仅有的一次机会。 另外，我们在平时也要注意自我修炼，比如观察自己，找到适合自己的打扮风格，不断学习和充实自己，这样才能适时展现自己的气质和风采。

刺猬法则：距离产生美

有这样一个故事：在冷风瑟瑟的冬日里，有两只困倦的刺猬想要相拥取暖休息。但无奈双方的身上都有刺，刺得双方无论怎么调整睡姿也睡不安稳。于是，它们就分开了，保持一定的距离，但又冷得受不了，于是又凑到了一起。几经折腾，两只刺猬终于通过自己的努力找到了一个合适的距离，又能互相取暖，又不至于刺到对方，于是舒服地睡了。这就是心理学上著名的刺猬法则。

员工与老板之间的相处就像两只相互取暖的刺猬，需要调整距离，相互磨合，达到一个最佳的状态。但无论怎样调整，始终要记得，老板终究是老板。同事之间也是如此，距离产生美，若即若离的感觉最有利于工作的进行和展开。

与同事相处，太远了当然不好，人家会认为你不合群、孤僻、不易交往；太近了也不好，容易让别人说闲话，而且也容易令上司误解，认定你是在搞小圈子。所以说，不即不离、不远不近的同事关系，才是最难得和最理想的。

虽有人认为"好朋友最好不要在工作上合作"，但大家都是打工仔，聚在一起工作并不奇怪。如果某天，公司来了一位新同事，他不是别人，正是你的好友，而且，他将会成为你的搭档，上司将他交托于你，你首先要做的是向他介绍公司的架构、分工和其他制度。如果在接待他时你战战兢兢，未免太敏感了；不如放轻松点，就当他是普通的同事吧。这时候，不宜跟他拍肩膀，以免惹来闲言闲语。

办公室里与同事相处，大前提是公私分明。在公司里，同事是你的搭档，你俩必须忠诚合作，才可以制造良好的工作效果。如果同事是新人，许多地方是需要你提示的，这时，你就得扮演老师的角色，当然切不能颐指气使，更不应倚老卖老引起他人反感。

私底下，你俩十分了解对方，也很关心对方，但这些表现最好在下班后再表达吧。跟往常一样，你俩可以一起逛街、闲谈、买东西、打球，完全没有分别，只是闲暇时，以少提公事为妙，难道你一天工作 8 小时还不够吗？

许多公司有不成文的习惯，就是获升职者要请客，你若身处这样的公司，当然要入乡随俗。至于请客请些什么呢？

那要视加薪额和职级而定，一则是量入为出，二则是身份问题。如果你只是小文员一名，却动辄请同事吃海鲜大餐，未必个个会欣赏，可能有人认为你太招摇。所以，一切最好依照旧例，人家怎样，你就怎样。有人当面恭维："你真棒，什么时候再请第二次？"你可微笑地回答："要请你吃东西，什么时候都可以呀！"一招太极就能解决问题。

要是相反，有同事表示要请客祝贺你，应否答应？

当然要答应，否则就是不赏脸，不接受人家的好意。 不过，答应之余，请考虑：对方是否一向与你投契得很，纯是出于一片真心，还是彼此只属泛泛之交，此举只是"拍马屁"？前者你自然可以开怀大嚼，后者嘛，吃完之后最好反过来做东，这样既没接受他的殷勤，又没有开罪对方。

许多公司有欢迎新同事和欢送旧同事的习惯，身在其间的你，应否热烈支持这些行动？

欢迎会目的是联络感情，欢送会则表示合作愉快或感谢过去的帮忙。 所以，前者你不必一定出席，除非你的工作岗位是公关或人事部。 至于后者，就比较复杂，你应该小心衡量一下。

这位同事与你有没有关系？如果是毫无交情的，可以不必参加聚会，但送一张慰问卡是必要的，那是礼貌，也表示你的关心，何况他日你们或许还有机会共事。

要是常常接触的，但交情普通，则在公在私也该出席聚会，显示你确实欣赏和不舍得对方，分手时，最好表示你的祝福。

若对方是你的助手或更亲密的搭档，最理想的是既参加大伙儿的聚会，又私下请对方吃一顿午饭，或是送一点纪念品，以表示你的感谢和友情。

只有和同事们保持合适距离，才能成为一个真正受欢迎的人。 你应当学会体谅别人。

不论职位高低，每个人都有自己的工作范围和责任，所以在权力上，切莫喧宾夺主。 不过记着，永不说"这不是我分内事"之类的话。 过于泾渭分明，只会搞坏同事间的关系。 在筹备一个任务前，谦虚地问上司："我们希望得到些什么？要任务顺利完成，我们应该在固有条件下做些什么？"

永远不要在背后说人长短。 比较小气和好奇心重的人，聚在一起就难免说东家长西家短。 成熟的你切忌加入他们一伙，偶尔批评或调笑一些公司以外的人如艺人等，倒是无伤大雅，但对同事的弱点或私事，保持缄默才是聪明的做法。

搞小圈子，有害无益。 公私分明亦是重要的一点。 同事众多，总有一两个跟你特别投缘，私底下成了好朋友也说不定。 但无论你职位比他高或低，都不能因为要好这个原因，而做出偏袒。

一个公私不分的人，是做不了大事的，更何况，老板们对这类人最讨厌，认为不能信赖。

刻板效应：最不靠谱的"第零印象"

在现实生活中，人们很容易对某件事物形成一种印象，然后就很难再改变过来。某一网站曾刊登过这样一个笑话：如果你的前面是一位怒火中烧的重庆女孩，后面是万丈深渊，那么，劝你一句，还是往后跳吧！这个笑话其实不能说完全没有道理，重庆女孩的泼辣可以说是威名远扬，在国内几乎没人不知道。因此，一提到重庆女孩，人们首先浮现脑海的就是一副泼辣的画面，并且丝毫不顾其中是否有被冤枉的"例外"。久而久之，重庆女孩的泼辣就在人们的脑海中固定了，形成了一个非常顽固的印象，是永远也抹不掉的事实。这就是所谓的"刻板印象"，还可以被称为"刻板效应"。

刻板效应的具体定义是指人们在长期的认识过程中所积累的关于某类人的概括而笼统的固定印象，是我们在认识他人时经常出现的一种相当普遍的现象。这种现象有好处也有坏处，我们经常听人说的"长沙妹子不可交，面如桃花心似刀"，而东北姑娘"宁可饿着，也要靓着"，实际上都是一种"刻板效应"。

刻板效应的形成有其深层次的原因，主要是由于我们在人际交往的过程中，没有时间和精力去和某个群体中的每一成员都进行深入的交往，而只能与其中的一部分成员进行交往，所以，我们人类只能"由部分推知全部"，由我们所接触到的部分去推知这个群体的"全部"，窥一斑而知全豹。这与我们人类的思维方式也是有很大关系的，人类的思维方式是尽量简化信息量，将一切事物用归类的办法来认知。

刻板效应还有一个特点，那就是一旦形成，就很难改变。刻舟求剑的故事生动地说明了认知偏见的影响作用。这个故事是这样的：楚国有一个人坐船过江，船行至江中时他的剑掉进了江里，他立即在剑落水处相应的船身上刻了一个记号，说："我的剑是从这儿掉下去的。"等船靠岸了，他就从做上记号的地方下水去找剑，结果可想而知。上述这则成语故事听起来很荒诞可笑，但是，这只是对现实的一副夸张的肖像，我们稍不留意便会做出与这个楚国人一模一样的"刻舟求剑"的行为。比如说，我们在认识一个上海人的时候便会按照上海人精明、聪明的类型及特征去判断和分析他；在认知某一教师时便会按照教师知识渊博、为人师表等类型特征去判断他等等。这种现象在日常生活中是经常发生的，而且是一种非常普遍的、具有历史性的、跨越文化的社会心理现象，而且在亚洲尤其严重。针对这一现象，美国一些心理学家曾经分别于1932年、1951年和1967年对普林斯顿大学学生进行了三次有关民族性的刻板印象调查。他们让学生选择五个他们认为某个民族最典型的性格特征。这前后三次研究的结果竟然是大致相同的，比如说：德国人有科学头脑、勤奋、不易激动、聪明、有条理；英国人喜欢运动、聪明、因袭常规、传统、保守；黑人迷信、懒惰、逍遥自在、爱好音乐；美国人聪明、勤奋、实利主义，有雄心，进取心较强；日本人聪明、勤奋、进取、精明、狡猾；意大利人爱艺术、感情丰富、容易冲动、急性子、爱好音乐；而中国人迷信、狡猾、保守、爱传统、忠于家族关系等等。雷兹兰、西森斯、休德费尔等人的进一步研究还充分证实了这种刻板效应对人类知觉的严重扭曲和对人们带来的困扰。

无可否认的是，在生活中，人们总是不自觉地把人按年龄、性别、外貌、衣着、言谈、职业等外部特征归为各种类型，并认为每一类型的人都拥有一些共同的特点。在接下来的交往和观察中，凡对象属同一类，人们便用这一类人的共同特点去接近和理解他们。比如说，人们通常都会认为知识分子是戴着眼镜、面色苍白的"白面书生"形象；而商人们则大多数表现得比较精明圆滑；工人热情豪爽；军人雷厉风行；农民是粗手大脚、质朴安分的形象等。其实这种看法都是比较性的类比的看法，都是人脑中形成的很难根除的刻板印象。

刻板效应的产生，有可能是来自于直接交往印象，不过更多的是在那之前就已经通过别人介绍或传播媒介的宣传。但在不同人的头脑中，刻板效应的作用、特点往往都是有所区别的。文化水平高、思维方式科学、有正确世界观的人，其刻板效应是不会非常"刻板"的，完全是可以改变的。而如果反之，就很困难了。

刻板效应当然也有其两面性，有积极的一面，也有消极的一面。刻板效应的积极作用是：它可以很简便地把现实中的人加以归类，这样将大幅度提高人们加工社会信息的速度。它简化了人们所面临的复杂的社会，把人划分为群体，这样就可以让人们在获得少量信息时就可以对别人做出一个迅速的大体判断。

但是，刻板效应当然也有其消极作用，而且其消极作用往往要比积极作用大。虽然它在某些条件下有助于我们对他人进行概括的了解，但是一定要注意，如果这种归类实际上并不符合该群体的实际特点，或者只是对某群体的非本质特征做出的一种概括，那它就非常容易让人从刻板的印象进一步演化成为一种偏激的看法，它是一种片面的概括。一种片面、笼统的印象，毕竟是根本无法代替活生生的个体的，一般来说常常都是"以偏概全"——难道坏人就一定要生得面貌狰狞？好人就一定显得慈眉善目？那是戏剧舞台上的脸谱，而不是我们的现实生活。如果连这一点都搞不清楚，对人的认识就很容易产生某种偏差。

总之，我们应该发扬刻板效应的积极作用，纠正刻板效应附带的消极作用，努力学习新知识，不断扩大视野，开拓思路，更新观念，养成良好的思维方式。不断提高自己的修养，不要用刻板印象去看人，要用自己自身的行为去纠正他人的偏激看法。

第四章

墨菲定律：可能出错，就一定会出错

墨菲定律：错误是成功的垫脚石

爱德华·墨菲是美国爱德华兹空军基地的上尉工程师。

1949 年，他和他的上司斯塔普少校参加美国空军进行的 MX981 火箭减速超重实验。 这个实验的目的是为了测定人类对加速度的承受极限。 其中有一个实验项目是将 16 个火箭加速度计悬空装置在受试者上方，当时有两种方法可以将加速度计固定在支架上，而不可思议的是，竟然有人有条不紊地将 16 个加速度计全部装在错误的位置。

于是墨菲作出了一个著名的论断：如果做某项工作有多种方法，而其中有一种方法将导致事故，那么一定有人会按这种方法去做。 这就是后来心理学中著名的"墨菲定律"。

墨菲定律主要内容是：事情如果有变坏的可能，不管这种可能性有多小，它总会发生。

电影《星际穿越》中多次提到墨菲定律，并且得到了验证。 很多人都是看了这部电影后知道这个名词。

墨菲定理告诉我们，事情往往会向你所想到的不好的方向发展，只要有这个可能性。 比如你衣袋里有两把钥匙，一把是你房间的，一把是汽车的；如果你现在想拿出车钥匙，会发生什么？ 是的，你往往是拿出了房间的钥匙。 墨菲定理的适用范围非常广泛，它揭示了一种独特的社会及自然现象。 它的极端表述是：如果坏事有可能发生，不管这种可能性有多小，它总会发生，并造成最大可能的破坏。

墨菲定理并不是一种强调人为错误的概率性定理，而是阐述了一种偶然中的必然性，我们再举个例子：你兜里装着一枚金币，生怕别人知道也生怕丢失，所以你每隔一段时间就会去用手摸兜，去查看金币是不是还在，于是你的规律性动作引起了小偷的注意，最终被小偷偷走了。 即便没有被小偷偷走，那个总被你摸来摸去的兜最后终于被磨破了，金币掉了出去丢失了。

近半个世纪以来，"墨菲定律"曾经搅得世界人心神不宁，它提醒我们：我们解决问题的手段越高明，我们将要面临的麻烦就越严重。 事故照旧还会发生，永远会发生。 容易犯错误是人类与生俱来的，人永远也不可能成为上帝，当你妄自尊大时，"墨菲定理"会叫你知道厉害；相反，如果你承认自己的无知，"墨菲定理"会帮助你做得更严密些。"墨菲定律"忠告人们：面对人类的自身缺陷，我们最好还是想得更周到、全面一些，采取多种保险措施，防止偶然发生的人为失误导致的灾难和损失。 归根到底，"错误"与我们一样，都是这个世界的一部分，狂妄自大只会使我们自讨苦吃，我们必须学会如何接受错误，并不断从中学习成功的经验。

墨菲定律的内容并不复杂，道理也不深奥，关键在于它揭示了在安全管理中人们为什么不能忽视小概率事件的科学道理；揭示了安全管理必须发挥警示职能，坚持预防为主原则的重要意义；同时指出，对于人们进行安全教育，提高安全管理水平具有重要的现实意义。

墨菲定律告诉我们，容易犯错误是人类与生俱来的弱点，不论科技多发达，事故都会发生。而且我们解决问题的手段越高明，面临的麻烦就越严重。所以，我们在事前应该是尽可能想得周到、全面一些，如果真的发生不幸或者损失，就笑着应对吧，关键在于总结所犯的错误，而不是企图掩盖它。

英国小说家、剧作家柯鲁德·史密斯曾说过："对于我们来说，最大的荣幸就是每个人都失败过，而且每当我们跌倒时都能爬起来。"成功者之所以成功，只不过是他不被失败所左右而已。

1927 年，美国阿肯色州的密西西比河大堤被洪水冲垮，一个 9 岁的黑人小男孩儿的家被冲毁，在洪水即将吞噬他的一刹那，母亲用力把他拉上了堤坡。1932 年，男孩儿八年级毕业了，因为阿肯色的中学不招收黑人，他只能到芝加哥读中学，但家里没有那么多钱。那时，母亲做出了一个惊人的决定——让男孩儿复读一年。她为 50 名工人洗衣、熨衣和做饭，为孩子攒钱上学。

1933 年夏天，家里凑足了钱，母亲带着男孩儿坐上火车，奔向陌生的芝加哥。在芝加哥，母亲靠当佣人谋生。男孩儿以优异的成绩读完中学，后来又顺利地读完大学。1942 年，他开始创办一份杂志，但最后一道障碍是缺少 500 美元的邮费，不能给订户发函。一家信贷公司愿借贷，但有个条件，得有一笔财产做抵押。母亲曾分期付款好长时间买了一批新家具，这是她一生最心爱的东西，但她最后还是同意将家具作为抵押。

1943 年，那份杂志获得巨大成功。男孩儿终于能做自己梦想多年的事了：将母亲列入他的工资花名册，并告诉她算是退休工人，再不用工作了。母亲哭了，那个男孩儿也哭了。

后来，在一段反常的日子里，男孩儿经营的一切仿佛都坠入谷底，面对巨大的困难，男孩儿已无力回天。他心情忧郁地告诉母亲："妈妈，看来这次我真要失败了。"

"儿子，"她说，"你努力试过了吗？"

"试过。"

"非常努力吗？"

"是的。"

"很好。"母亲果断地结束了谈话，"无论何时，只要你努力尝试，就不会失败。"

果然，男孩儿渡过了难关，攀上了新的事业巅峰。这个男孩儿就是驰名世界的美国《黑人文摘》杂志创始人、约翰森出版公司总裁、拥有 3 家无线电台的约翰森。

事实上，得失是可以相互转化的矛盾共同体。有人曾归纳出关于失败的另一面：

失败并不意味着你是一位失败者——失败只是表明你尚未成功。

失败并不意味着你一事无成——失败表明你得到了经验。

失败并不意味着你是一个不懂灵活性的人——失败表明你有非常坚定的信念。

失败并不意味着你要一直受到压抑——失败表明你愿意尝试。

失败并不意味着你不可能成功——失败表明你也许要改变一下方法。

失败并不意味着你比别人差——失败只表明你还有缺点。

失败并不意味着你浪费了时间和生命——失败表明你有理由重新开始。

失败并不意味着你必须放弃——失败表明你还要继续努力。

失败并不意味着你永远无法成功——失败表明你还需要一些时间。

失败并不意味着命运对你不公——失败表明命运还有更好的给予。

那么，期待成功的你，不要再被一时的失败所左右了，在哪里跌倒，就在哪里爬起来吧！

没有谁会不犯错误，所以永远不要害怕错误。只有什么都不去做才会不犯错误，想要成功一定会犯错误，只要勇敢面对并改正错误，直到少犯甚至不犯错误，那么，成功就会向你走来。你不把错误当回事，错误也不把你当回事！

一个人最容易犯的错误就是粗心大意，一个人最能原谅自己的错误也是粗心大意，然而一个人最危险的错误也是粗心大意。 最不能原谅的错误是犯同样的错误，同一个错误屡教不改，这是最令人绝望的事情。 最不可饶恕的错误是用后面的错误来掩盖前面的错误，涂抹错误，就会错得越来越厉害，错得越来越离谱儿，错得越来越一发不可收拾！

最有价值的错误：前车之鉴，后事之师。 改正错误不是最终目的，积累错误、整理错误、分析错误、改正错误，最终的目的是关键的时候不重犯错误。

我们每个人的一生中都会犯各种不同的错误，可正因为这样，我们才会成长、成熟。 我们在错误中学习，在错误中前进。

我们应该学会正视自己的错误，而不是去逃避。 然而承担错误的方法有很多，我们往往被现实蒙住眼睛，常常是让自己一错再错，我们以为这就是惩罚，却不知道真正惩罚我们的是延续错误。

人生幸福有三诀，第一不要拿自己的错误惩罚自己，第二不要拿别人的错误惩罚自己，第三不要拿自己的错误惩罚别人。

史蒂芬·葛雷是一位当代科学家，他诚实的品格和认真的工作态度广受业界推崇。曾经有报社的记者采访他，问他："为什么你能如此客观、严谨地对待科学研究，而且比一般人更努力地进行各种尝试？"

史蒂芬的回答非常不可思议，他说这和他两岁时的一次生活中正确对待错误所获得的经验有关。两岁？不过，这确实是真的！

两岁时，史蒂芬想自己尝试从冰箱里拿一瓶牛奶，以前这事都是妈妈帮他做的。这次，他想证实一下自己的能力，结果瓶子很滑，他没拿住，一不小心将瓶子掉在了地上，牛奶洒得满地都是。史蒂芬想：这下完了，肯定要挨妈妈骂了。

出乎史蒂芬的意料，妈妈到厨房后发现满地是牛奶，竟没有教训或惩罚他。妈妈的话完全让小史蒂芬放心了，她说："哇，你太能干了，竟然能把奶瓶摔成这样，我还从来没见过这么大的奶水坑呢！在我清理它以前，你要不要在牛奶里玩几分钟？"

这可把小史蒂芬高兴坏了，他还从没玩过牛奶呢！过了一会儿，妈妈把地面清理干净了，对史蒂芬说："你拿奶瓶的实验错误了，让我们一起来看一看，你为什么错误吧。你拿个瓶子装满水后，再看看用手能不能拿得动。想一想，怎样拿才会更省力。"史蒂芬发现，如果用双手抱好瓶子，它就不会掉下来。多年后，史蒂芬说：从这一刻起，我知道了不需要害怕犯错误，错误是学习的机会。

结果，这次闯祸的经历，非但没有让史蒂芬变得胆怯，反而学会了实事求是地对待自己所做的事情，从错误中寻找原因和教训。

史蒂芬·葛雷回忆说，从两岁那一年起，他就不再害怕错误，而且学会了诚实面对自己的错误。 因为错误只是学习新东西的机会，科学实验也是如此。 实验错误了没有什么值得隐瞒的，即使出错的原因在于我们自己，我们还是会从错误中学到很多有价值的东西的。

非理性定律：人们更喜欢眼前的利益

　　曾经有这样一对情侣，他们之间相处得非常好，但是男的有一个很大的缺点就是懦弱，女友对此十分不满。有一次，两人出海游玩，不想中途遭遇大风，两人的小艇被摧毁，双双落入海中，幸亏女友抓住了一块木板才保住了两个人的性命。女友问自己的男友："你怕吗？"

　　男友掏出一把水果刀说："我怕，可是如果有鲨鱼来了，我会用这个对付它的。"

　　女友知道她的男友是一个懦弱的人，所以只能苦笑。

　　就在这时，一艘货轮发现了他们，与此同时一群鲨鱼出现了。女友大叫："我们一起用力游，会没事的！"

　　但是男友却突然用力将女友推进海里，自己扒着木板朝货轮游去，并大声喊道："这次我先试！"

　　女友就这样看着男友的背影，感到非常绝望。

　　鲨鱼向女友逼近，但是奇怪的是，它们对那个女的不感兴趣，它们只向男友冲去，男友被鲨鱼撕咬着，他发疯似的冲女友重复地喊道:"我爱你!"

女友获救了。甲板上的人都在默哀,船长走到女友身边劝其节哀并说:"小姐,他是我见过的最勇敢的人。我们为他祈祷!"

"怎么可能,他是个胆小鬼。"女友冷冷地说。

"您怎么能这么说呢?刚才我们一直用望远镜观察你们,我看到他把您推开后用刀子割破了自己的手腕。鲨鱼对血腥味很敏感,如果他不这样做来争取时间,恐怕您永远不会出现在这艘船上……"

女友一下子昏了过去。

简单地说,非理性主要是一切有别于理性思维的精神因素,如情感、直觉、幻觉、下意识、灵感。非理性定律告诉我们,我们人类,从根本上来说都是感情型动物,所谓的理性,反倒是我们人类拥有了智慧之后的独到的发明。尤其是当我们去判断一件事情的时候,个人的喜爱、厌恶、是非观念往往决定了我们的态度,严重影响着我们自己的未来。

上面的小故事中的女子就是因为先入为主的印象误会了她的男友,在她看来,她的男友是贪生怕死之辈,平时表现得胆小懦弱,到了生死关头更是不可能保护自己,这当然是带有强烈的主观色彩的判断。而船上的人却在望远镜里看到了真正的事实——这名男子并非是懦弱的,他才是真正的英雄,是世界上最勇敢的人。他为了救女友,不惜牺牲了自己,但是可惜的是,这个男人所做的这一切,他的女友开始的时候并不知道,还很鄙视。

这里还要提到一个著名的冰激凌试验。有两杯冰激凌，摆在一群人前，让他们选择，一杯有 7 盎司，装在一个 50 毫升的杯子里，显得满满的，看上去就像要溢出来一样。另一杯有 8 盎司，装在一个 100 毫升的杯子里，看上去比较少，没有装满。实验的结果明确显示，人们都愿意花多的钱去买那杯只有 7 盎司的冰激凌。

也就是说，人们总是习惯以情感去判断眼前的事物，并且用主观的能动性去断定，也就是非理性。人们判断一个人、一件事，内心的情感起着非常巨大的作用，甚至可以全面左右整个判断结果。这也就是不难理解的事情了，为什么同样一件事情，有人是这样看，而有人会得出截然相反的观点。

英国的《新科学家》曾经报道，加拿大心理学家曾经做过一项关于男人的理性研究，研究表明，在美女面前，很多男人都会丧失理性，为了美女，宁愿放弃大好的事业和前程，表现出一种只爱美人不爱江山的气概。这也给很多古代英雄美人传说提供了新的理论支持。

加拿大马克马斯特大学的马尔戈·威尔逊和马丁·达利让 209 名男生和女生分别观看了异性的照片。这个并不复杂的实验结果显示，男生在面对漂亮女性的时候，往往更愿意选择短期利益而不是长期利益，做出的是"非理性"选择。男生在面对长相一般的女孩的时候，更看重的是与这位女孩未来的发展，做出的是"理性"选择。与此相反，女生无论面对长相一般或者长相英俊的男生，看重的都是未来的前景，做出的都是相同的"理性"选择。这和男女之间挑选配偶的不同有很大关系。

　　生物学家还告诉我们，除去人以外，对于动物而言，它们更喜欢眼前的利益而不是将来的利益，即使眼前的利益要比未来可能获得的利益小很多。这种被称为"未来利益折现"的选择过程对于人类当然也同样适用。比如，对于马上就要到手的现金和未来的现金，我们会觉得马上到手的现金更有价值。

　　其实在我们身边就有一个特别明显的例子，彩票大奖得主可以一次性把奖金领走，但这样做要缴纳高额税费，使奖金大幅度缩水。但是也可以采取另一种做法，那就是可以分期领走奖金，这样做的话大奖得主就可以领到更多的钱。但是，迄今为止，还没有任何一个人会这样做，通常人们都会一次性把钱领走，虽然他们知道以后可能会领到更多的钱。人们只看到了眼前的利益，只注重这一份眼前的利益，即使长久来看有更好的利益可循，但是他们还是不会选择长远的利益。这个定律不仅可以给我们敲响警钟，也可以适当地应用在商场上，用短期利益来吸引人，然后将长期利益留给自己。

达维多夫定律：做时代的开创者

著名的艾尔·柯齐酒店位于圣地亚哥，酒店的生意很好，客流不息，为了解决电梯超负荷运作的问题，酒店请教了很多专家。专家们经过一系列的研究和商讨，最后一致认为最好的办法是在每层楼都打一个大洞，在地下室里再多装一个马达，也就是说，要为酒店再多添一部电梯。那些专家又开了几次研讨会，确定下最终的方案之后，就到前厅坐下来商谈具体施工的细节问题。这时候，恰巧有一位正在扫地的清洁工阿姨无意中听到了他们的计划。

这位清洁工阿姨对他们说："如果每层楼都打个大洞，那不是会弄得乱七八糟，到处尘土飞扬吗？还怎么接待客人呢？"

其中的一位专家不以为然地答道："这是很难避免的。到时候还得劳你多多帮忙。"

清洁工阿姨又说："要是我说啊，你们动工时最好还是把酒店关闭一段时间的好。"

"不能关啊，要是关门那么长一段时间，别人还以为是倒闭了呢。所以，我们打算一面动工，一面继续营业。要是不多添一部电梯，酒店以后也没法再做下去，在可持续发展上会吃亏的！"

这时候，那个清洁工阿姨经过一段时间的沉思，说道："如果我是你的话，我就会把电梯装在酒店外头。"两个专家听了这个建议后，顿时眼前一亮，觉得这法子不错，好像开启了一个时代，要知道，以前没人这么做过！可以试试。于是，他们就听从了这位清洁工阿姨的建议，在近代建筑史上率先创造了一项新的发明——把电梯安装在室外。商家为此也节省了大把的钱。但是那个清洁工阿姨并没有留下姓名。

不管从什么层面上来说，没有创新精神的人永远都只能是一个执行者。 只有那些勇敢的人，有想法的人，敢为人先的人，才最有资格成为真正的先驱者，才能够称为时代的开创者。 这个理论的提出者是苏联心理学家达维多夫。

如果你自暴自弃，那么请翻过这一章，如果你想有个非常成功的人生，想有个非常成功的公司，你最需要什么？ 可以毫不犹豫地告诉你，就是创新精神！ 这个世界变化总是太快了，变化的程度也太大了，需要我们学会用不同的方式去创造性地思考问题。 对于一个企业来说，应该意识到的最重要的事情就是当每个人都遵循规则时，创造力便会窒息，遵循的结局就只能是残酷的灭亡。 这时就需要你发挥创造力，别人想到的你也想到了，别人没想到的你也要想得到。

　　有一个非常著名的单位招聘业务员，由于公司待遇很好，所以很多人面试。经理为了考验大家就出了一个题目：让他们用一天的时间去推销梳子，向和尚推销。很多人都说这不可能的，和尚是没有头发的，怎么可能向他们推销？于是很多人就放弃了这个机会。但是有三个人愿意试试。第三天，他们回来了。

　　第一个人卖了1把梳子，他对经理说："我看到一个小和尚，头上生了很多虱子，很痒，在那里用手抓。我就骗他说抓头用梳子抓，于是我就卖出了一把。"

　　第二个人卖了10把梳子。他对经理说："我找到庙里的主持，对他说如果上山礼佛的人头发被山风吹乱了，就表示对佛不尊敬，是一种罪过，假如在每个佛像前摆一把梳子，游客来了梳完头再拜佛就更好！于是我卖了10把梳子。"

　　第三个人卖了3000把梳子！他对经理说："我到了最大的寺庙里，直接跟方丈讲，你想不想增加收入？方丈说想。我就告诉他，在寺庙最繁华的地方贴上标语，捐钱有礼物可拿。什么礼物呢，一把功德梳。这个梳子有个特点，一定要在人多的地方梳头，这样就能梳去晦气，梳来运气。于是很多人捐钱后就梳头，这样又使很多人去捐钱。一下子就卖出了3000把。"

　　故事的寓意简单明了，令人莞尔，只有你做了别人没有想到的，那么你才有可能胜出一筹。 跟着别人后面走，只能捡到别人不要的东西，一个人没有开拓精神，不敢冒风险，就走不出新路，干不出新的事业。 创新是一个民族的不竭动力，更是一个企业的生命源泉，也是一个人生命的风帆。 企业家与一般管理者最大的区别，就在于具有创新精神和魄力。 翻一翻整个工业革命长达二百年的近代史，无论在哪个国家，那些创业成功者，都是杀出来的"黑马"，都是在别人根本想象不到的地方，以别人想象不到的方式，取得了别人想都不敢想的成功。 他们并不是先到哈佛大学或者斯坦福大学拿一个 MBA，然后才成为一个成功的企业家的，他们是在创造性的工作实践中培养、锻炼出来的，这是最难能可贵的，也是十分值得我们深思的。

再举一个地球人都知道的例子：在当时，几乎所有人都认为只有硬件才能赚钱，比尔·盖茨是第一个看到软件前景的商人，而且"以软制硬"，把其软件系统应用到世界上几乎所有的行业或公司。 微软开发的电脑软件的普遍使用，改变了资讯科技世界，也改变了人类的工作和生活方式，最终改变了世界。

毛毛虫效应：找到一条属于自己的路

约翰·法伯是法国著名的心理学家，他曾经做过一个家喻户晓的实验，也可以称之为"毛毛虫实验"。他首先将许多毛毛虫都放在一个花盆的边缘上，并且使它们首尾相接，围成一个圈，同时他又撒了一些毛毛虫喜欢吃的食物在花盆非常近的地方。然后，毛毛虫就开始绕着花盆的边缘一个跟着一个，一圈一圈地走，就这样，一小时过去了，一天过去了，又一天过去了，但是这些毛毛虫依然没有改变行动轨迹，它们依然是夜以继日地绕着花盆的边缘在转圈，这样一连不停地转了七天七夜以后，毛毛虫们最终因饥饿和精疲力竭而相继死去。

在做这个实验之前，约翰·法伯曾经设想：也许这些毛毛虫很快就会厌倦单调而乏味的绕圈而转向它们比较爱吃的食物，但是令人遗憾的是，毛毛虫并没有这样做。其实，这是因为毛毛虫习惯于固守原有的本能、习惯、先例和经验才导致现在的悲剧。毛毛虫虽然付出了生命，但却没有取得任何成果。 事实上，假如在这群毛毛虫当中，有一个能够破除尾随的习惯而转向去觅食，那么就完全可以避免最后死亡。

后来，科学家把这种习惯称为"跟随者"的习惯，也就是指喜欢跟着前面的路线而行走的习惯。 而后又把因"跟随者"习惯而导致失败的现象称为"毛毛虫效应"。

因为毛毛虫习惯于固守原有的本能、习惯、先例和经验，很难更改与破除尾随习惯而转向去觅食。 这种因跟随原有路线而最后导致失败的现象被称为"毛毛虫效应"。

有一大块贫瘠的土地被美国一所著名学院的院长所继承。不过，外人看来这块土地没有什么商业价值的木材，也没有矿产或其他贵重的附属物。所以，这块土地不仅不能为这位院长带来任何收入，而且他还必须得为此支付土地税。

不久以后，当地的州政府打算建造一条公路，而这条公路恰好要从这块土地上经过。这时，有一位年轻人刚好开车经过这里，看到了这块贫瘠的土地正好位于一处山顶，他想到在这里可以观赏四周连绵几公里的美丽景色。而他还细心留意到，这块土地上长满了一层小松树及其他树苗。

于是他就以每亩 10 美元的价格，把这块 50 亩的荒地买了下来。然后，他开始在靠近公路的地方盖了一间非常有特色的木屋，并且附设了一间很大的餐厅。随后在房子附近，他又建了一处加油站，方便开车来旅游的人们。

不久以后，他在公路沿线上还建造了十几间单人木屋，并且以每人每晚3美元的价格出租给来这里的游客。餐厅、加油站及木屋的成本并不高，但却给他带来丰厚的利润，他一年内净赚了15万美元。

第二年，他又另外增建了50栋有三间房间的木屋，现在他把这些房子出租给附近城市的居民们，作为他们的避暑别墅，并且以每季度150美元的价格收取租金，人们也非常满意与开心。而且建造这些木屋的材料他根本就没有花一毛钱，因为这些木材就长在他自己的土地上（但是，那位学院院长却认为这块土地毫无价值）。另外，引人注意的是，他扩建计划的最佳广告就是这些木屋独特的外表。因为一般很少有人会用如此原始的材料去建造房屋，他等于开创了一个先例。

故事还在继续，在距离这些木屋不到五公里处，这个人又以每亩25美元的价格买下了占地150亩的一处古老而荒废的农场，而卖主则认为自己赚了。

接着，他花了半年时间又建造了一座100米长的水坝，把一条小溪的流水引入一个占地15亩的湖泊，后来，他又把这个农场出售给那些想在湖边避暑的人，租金跟建房时的价格一样。仅仅是这样简单的一转手，25万美元轻松到手，并且这只是他计划的一部分。让人不能想象的是，此人没有受过任何正规的"教育"，但是我们必须承认他是个极其有远见和想象力的人。

有的时候人们也很难逃脱"毛毛虫效应"的影响。在日常生活和工作中，很多人都会因循守旧，会下意识地重复原有的思考过程和行为方式。所以，人们在思维上固有的惯性也就慢慢形成，今后在面对任何问题时，这些人也都是按照原有的思路去思考，而不愿意换个角度、转个方向去思考。

需要承认的是，使用固有的思路和方法具有相对的成熟性和稳定性，可以恰当地缩短和简化解决问题的过程，从而更加方便和快速地解决某些问题。这也是"毛毛虫效应"带给我们积极的一面。但是，要注意的是，如果人们总是用老思路去解决新出现的问题，那无疑是没有生命力的，这时候，我们需要跳出"毛毛虫效应"的影响，转换思路，改变思考问题的方式，这样有可能更好地解决我们所面对的问题，就像上面故事里的那个人一样，能够别具一格，把别人看不到的潜在价值开发出来，从而赢得非凡的成功。

　　某年的市场预测表明，该年度的苹果将会供大于求。于是供应商和营销商们都灰心丧气起来，他们大多数人都认定：自己必将蒙受损失！

　　这个时候，有一个聪明的年轻人想出了一个绝招！他想：假如在苹果上增加一个"祝福"的功能，也就是说，只要能让苹果与众不同，可以出现表示喜庆与祝福的字样，比如"喜"字、"福"字，那么，就一定能卖个好价钱！

　　因此，他在苹果还未成熟的时候，就把提前剪好的纸样贴在了苹果朝阳的一面，如"喜""福""吉""寿"等。果不其然，由于阳光照不到贴了纸的地方，苹果在树上时就已经留下了痕迹——比如贴的是"寿"，苹果上也就有了清晰的"寿"字了！因为他的苹果有了这种全新的祝福功能，而这又是以前没人发现的，所以他在该年度的苹果大战中独领风骚，大赚了一笔。

转眼间，到了第二年，很多人都已经掌握诀窍，开始争相模仿起来，可是他的苹果仍然是卖得最火的，这是什么原因呢？因为这次他想到更好的点子，这一次他的苹果上不仅有"字"，并且还可以鼓励青睐者"系列购买"。

具体情况是这样的，他首先将苹果一袋袋地装好，然后每个袋子里的苹果上的几个字总是能组成一句很甜美的祝词，比如"祝您中秋愉快""祝你们生活甜美""祝你寿比南山""工作顺利""永远怀念你"等。这一次，人们再次慕名而至，纷纷购买他的苹果，然后当成礼品送人。

面对不断变化发展的新形势，我们要想不断地跟随时代一起成长而不落在潮流的后面，就应该解禁自己的思维，让自己发挥创新精神，这样才能找到一条属于自己的道路。

第五章

马太效应：成功是成功之母

马太效应：强者越强，弱者越弱

从前有一个头脑灵活、善于经营的商人要出去旅游。为了不耽误自己的生意，临行前，他把自己最忠实的三个仆人都叫来，然后把他的部分家业进行合理分配，交给三人暂时经营。

商人根据仆人各自的才能，给他们分配银子。仆人甲善于发现商机，具有灵敏的观察能力，他分得5000两；仆人乙有一定的经商才能，做事稳打稳算，他分得2000两；而仆人丙，性格木讷，做人本分，做事保守，他分得1000两。分配完毕，商人就出发了。

第二天，仆人甲就拿着5000两银子，投资了一项风险很大的买卖。虽然利润也很诱人，但毕竟利润与风险成正比，天下也没有免费的午餐，这需要很大的勇气与承受能力，仆人甲也是信心十足，运筹帷幄，最后连本带利得到了10000两银子。

而仆人乙在主人走后就用自己分得的2000两银子做

了一项只赚不赔的生意，虽然早出晚归有些辛苦，但是由于经营管理得当，最后也照样赚了2000两银子。

仆人丙拿着商人给的1000两银子，考虑了很久，不知如何是好，又担心有个闪失给弄丢了。一连好几天，他一直坐卧不安，无法正常休息。最后，他灵机一动，趁着夜幕在地上挖了一个坑，把主人的银子埋藏了起来，天天守在那里，这样既不会赚，也不会赔，对他而言是一个两全其美的好办法。

几个月后，商人从外地归来。商人再一次将三个仆人召集到一起，来算一算账。仆人甲恭恭敬敬地递上银子说："主人啊，这是你交给我的5000两银子，分毫不少，另外，还有5000两是我利用你给我的本金做了笔生意，自己额外赚的。"

商人说："不错，你做得很好。你真是又有才华又忠心的仆人，以后我要把许多事派给你管理。这样，我就可以尽情享受生活了。"

仆人乙随后说："尊敬的主人啊，你交给我2000两银子，我做生意将它翻了一番，你看这是4000两。"

主人说："好，你也非常能干。店里有你的帮忙，我就会放心很多，也会觉得很踏实。"

最后仆人丙说："主人啊，我实在不知道这1000两银子能做什么，我又担心会丢失，于是我就把你的1000两银子埋藏在地里。请看，你的1000两银子完好无损地在这里。"

商人听了以后非常生气，把这个仆人痛骂了一顿。

后来，主人将第三个仆人的那 1000 两银子赠给第一个仆
人作为奖赏，并且对他们三个说："凡是不增值的，那就
等于在贬值，那钱留有何用。只有不断创造财富的人，
才能够取得成功，我的奖励也才会持续上升，这叫多多
益善。"

所谓马太效应，指的是好的越好、坏的越坏，多的越
多、少的越少的一种现象。在心理学上可以理解为：强者越
强，弱者越弱。如果说一个人赢得荣誉，获得了赞美，那么
接下来好事会越来越多，这也是人们常说的好运连连。

马太效应的说法来自于《新约·马太福音》中的一则寓
言。在《马太福音》中你会发现第二十五章中有这么几句
话："凡有的，还要加给他叫他多余；没有的，连他所有的
也要夺过来。"美国科学史研究者莫顿用这句话总结与概括
出一种新的社会心理现象："对著名科学家做出的科学贡献
所给予的荣誉越来越多，而对那些未出名的科学家则不承认
他们的成绩。"此后他便将这种社会心理现象命名为马太
效应。

其实，在现实生活中，不论是个人，还是群体，一旦在
某一方面（如金钱、名誉、地位等）取得成功后，那么优越感
就会应运而生，接下来更多的进步和更大的成功也会登门
拜访。

当然，任何一种效应在现实中的意义都具有两面性。社
会心理学家们也同样认为，马太效应在生活中既有积极的一
面，也有消极的一面。积极作用具体有两点，首先可以防止

社会过早地承认还不成熟的成果和貌似正确的成果，这样有利于进一步地加强与进步；其次马太效应会产生"荣誉终生"以及"荣誉追加"的现象，对一些无名者有着榜样的作用，从而产生巨大的吸引力，促使还没有成名的人积极奋斗，努力去超越成名者。但是它的消极作用是，那些名人很有可能会因为自己取得的成果而骄傲自满，目中无人，甚至丧失了理智的判断与谦逊的态度。而无名者因为一开始并没有名气，即使有着惊人的才华，经过奋斗取得成果也无人问津，有时还有可能会遭受非难和忌妒。这样的结果会造成两极分化越来越严重。

除了在生活中我们会经常遇到马太效应外，在教育领域，马太效应的影响更是无所不在。学校里有名气的教授、专家得到的科研经费一般都会比较多，社会兼职也比普通人要多，就连评奖活动也少不了他们的身影。在科研领域，一些科研经费的使用基本上是处于被垄断的状态，一些项目的立项、评选、经费都由少数专家控制。这样做可以说既有积极的作用，又有消极的作用存在。

人们不难发现，在国家给学校的投资上，名校所得到的资金和支持往往要多于普通学校。而且国家对教育的投入是一个定值，年年月月如此，这样一来名校的投入多了，对普通学校的投入肯定就会减少，资金缺乏就会造成普通学校的财政、师资力量不足，后果是导致这些学校越办越差，生源也越来越少；而名校在硬件和软件上越来越占有绝对优势，这样良性循环，声势自然壮大起来。在此基础上，名校也就会越来越出名，与普通学校形成的差距会越来越大。这种教育资源的分配不均衡是导致名校与非名校格局形成的重要因素之一，如果将其不断地放大，自然形成马太效应——"凡是少的，就连他所有的也要夺过来。凡是多的，还要给他，叫他多多益善。"从宏观上来看，马太效应对社会是一种巨大的危害，因为它的出现会加剧两极分化，造成更深的社会矛盾。在学校里，一些表现比较优秀的学生，会经常听到表扬的声音，老师在上课时表扬他，学校领导在同学中表扬他，父母在亲戚前表扬他，优越的成长环境给他带来的却不一定都是快乐，就算快乐也会有一定的负担。而一些成绩不好的学生，不仅在家里得不到父母的赞扬，有些老师也会戴着有色眼镜看人，在学校刻意冷落与疏忽他。这样一来，马太效应就必然会造成老师只重视和培养少数拔尖的学生，从而放弃了对差生的培养，如此会造成学生群体中少数和多数的隔膜和分化。不过，也有一些经验丰富的老师会认识到马太效应的消极作用，他们会积极发掘差生身上的闪光点，然后将其放大，为其树立自信。在日常生活中，我们应该尽量避免马太效应的消极作用的发生。

安慰剂效应：暗示能带来积极的力量

所谓"安慰剂效应"指的是人们由于服用或注射安慰剂药物从而引起的心理、生理上的变化，并且出现积极改变的一种现象。这在健康心理学中应用的比较广泛。

通常医学上说的安慰剂，指的是用生物学上的本属中性的物质做成的使受试者或病人相信其中含有某种药物的药丸或制剂，就像是用没有药物活性的淀粉等制成与真实药物一样的剂型作为安慰剂等。药物的安慰剂效应是通过服药者对药物的认识、感受以及服药行为本身，再通过心理上的变化以及生理的相互作用而产生效果的。这种方法既有加强药物生理效应的一面，又有削弱生理效应的一面。许多研究表明：至少有1/3以上的人对安慰剂有反应，出现了临床症状的好转；如果再加上言语的感染，配合周围人的宣传和其他途径，那么，安慰剂的效果还会更加显著。这正应了中国一句俗语："信则灵。"

其实，不但是安慰剂，所有真实的药物也都具有不同程度的"安慰剂效应"。美国有一位生理心理学家曾将依米丁(致吐剂)通过胃管注入呕吐病人胃中,同时他也告诉病人这是止吐药物,结果在很短的时间内病人的恶心呕吐感竟然真的消失了。经过一段时间后病人又出现呕吐的现象,再一次注入依米丁,其恶心感又很快消失了。

这个实验说明药物不但有生理效应,而且通过一定的诱导和暗示还会产生心理效应。由此可见,心理效应(镇吐和安慰)的作用在一定程度上也会超过了药物的生理效应(催吐)。这里的心理效应就是安慰剂效应。

心理学研究发现,生活中有很多人都会有一定程度的暗示性。人类疾病的药物治疗效果,其部分原因都与暗示性有关。因此,医生在临床工作中更不能忽视这一作用,尤其在药物治疗的护理过程中,更需要高度注意。通常一个人患病后,第一想法都是需要药物治疗,通过药理作用对机体的生理机能发挥作用,这样就可以达到治疗的目的,这也是药物的生理效应。但实验结果证明,不仅如此,药物还可通过非生理效应,以"接受了药物治疗"的方式在病人心理上引起良好的感受从而使疾病逐渐发生好转,也就是达到药物的心理效应。一般情况下人们都会认为,药物的心理效应与其药理作用无关,但有的时候还是可以借用其生理效应来强化言语暗示,这样配合治疗效果更好。

药物的心理作用并不适用于任何人,它与病人的各方面条件(性别、年龄、职业、经济条件、受教育状况等)以及个性特征、心理状态、服药时的内心感受、医护人员的言语态度有着密切的关系,而其中最为重要的是病人对药物的认识与态度以及接受暗示性的程度。 例如一些来自边远地区的病人到大城市大医院求医问药时，即使医生开出的是比较普通的药物，他们也会觉得此药来之不易，倍加珍惜，所以服药后会产生较大的心理效应。

而一些公费医疗者经常光顾医院，尝遍了各种药物，也见识到了各类专家坐诊，就算此时大夫是给他们开出一些对症药他们也往往不信。 这种负面心理效应使药物的正常生理效应受到影响，有的时候反倒干扰了对他们的治疗效果。 对他们来说，只有那些价格昂贵、包装精美又经广告大力吹捧的新药才是真正好用的"灵丹妙药"。

在临床实践中，医护人员与病人通常都在自觉或不自觉地情况下接受或使用安慰治疗。 若在疾病诊断不明确或在误诊情况下用药，实际上就是起到安慰剂的作用，关键是如何用得更妥当、更有利于疾病的恢复。 在用药时，医护人员或家人也可以通过言语和态度来提高药物的心理效应。 那么具体而言该如何提高药物的心理效应呢？

首先可以用安慰剂做保护性医疗，减少病人心理痛苦。如癌症，在缺乏有效药物和治疗措施时，如果医护人员或亲属实话实说："这种病无法治疗，目前没有成功案例。"这样将会引起病人的绝望。 此时，可以转换方法使用安慰剂来解除病人精神上的痛苦，这样更为妥当。

相对而言，言语暗示对药物的心理效应影响也是非常大的，因而家人或医护人员可通过言语加强其效应，也可通过言语来消除病人的不良反应，有时还可利用药物来加强语言暗示作用，如癌症病人常因葡萄糖酸钙或溴咖静脉注射而好转。临床实践证明，有 1/3 的病人在用安慰剂后可获止痛效果，此类事例举不胜举。

其次，在护理中，要学会因势利导，适时适度地运用心理效应来增强药物的治疗效果，当然，这也取决于亲属的心理素质和掌握有关的心理学知识及使用技巧。

最后，在护理的过程中要熟练掌握安慰剂的应用，并能够仔细观察和了解病人的心理特点，选择恰当的用药时机，配合恰当的言语暗示，以排除病人不良反应的影响，最终取得良好的效果。医务工作者更是需要在针对病情科学用药的前提下，来根据病人此时的心理特征，努力去创造条件使药物成为一种良好的信息刺激，充分发挥其生理和心理效应，以达到最大的疗效。

除了医务处理以外，在日常生活中，"安慰剂效应"也是随处可见。一天，几个很少接触乡村环境的城里人到野外郊游。当他们边说边笑爬到半山腰的时候，他们为眼前清澈的泉水、碧绿的草地和迷人的风景所深深吸引。等到休息的时候，其中一人很高兴地接过同伴递过来的水壶喝了一口水，马上情不自禁地感叹道："山里的水真甜，没有杂质，咱们城里的水跟这儿真是没法比。"水壶的主人听罢笑了起来，他说："这壶里的水是城市里最普通的水，这不是山水，而是出发前从家里的自来水管接的。"由此可见，心理作用在很大程度上发挥着微妙的作用。

当然，我们在对现实进行分析的时候，某种程度上会掺杂很多个人因素，包括我们的期望、经验和信念等，这有时也会明显地改变人的思想及判断。

马蝇效应：有压力才有动力

马蝇效应来源于美国前总统林肯的一段有趣的经历。

  1860 年大选结束后几个星期，有位叫作巴恩的大银行家看见参议员萨蒙·波特兰·蔡思从林肯的办公室走出来，就对林肯说："你不要将此人选入你的内阁。"林肯问："你为什么这样说？"巴恩答："因为他认为他比你伟大得多。""哦，"林肯说，"你还知道有谁认为自己比我要伟大的？""不知道了。"巴恩说，"不过，你为什么这样问？"林肯回答："因为我要把他们全都收入我的内阁。"事实证明，这位银行家的话是有根据的，蔡思的确是个狂傲的家伙。不过，蔡思也的确是个大能人，林肯十分器重他，任命他为财政部长，并尽力与他减少磨擦。蔡思狂热地追求最高领导权，而且嫉妒心极重。他本想入主白宫，却被林肯"挤"了，他不得已而求其次，想当国务卿。林肯却任命了西华德，他只好坐第三把交椅，因而怀恨在心，激愤难已。

　　目睹过蔡思种种行为、并搜集了很多资料的《纽约时报》主编亨利·雷蒙特拜访林肯的时候，特地告诉他蔡思正在狂热地上蹿下跳，谋求总统职位。林肯以他那特有的幽默神情讲道："雷蒙特，你不是在农村长大的吗？那么你一定知道什么是马蝇了。有一次我和我的兄弟在肯塔基老家的一个农场犁玉米地，我吆马，他扶犁。这匹马很懒，但有一段时间它却在地里跑得飞快，连我这双长腿都差点跟不上。到了地头，我发现有一只很大的马蝇叮在它身上，于是我就把马蝇打落了。我的兄弟问我为什么要打掉它。我回答说，我不忍心让这匹马那样被咬。我的兄弟说：'哎呀，正是这家伙才使得马跑起来的嘛！'"然后，林肯意味深长地说："如果现在有一只叫'总统欲'的马蝇正叮着蔡思先生，那么只要它能使蔡思不停地跑，我就不想去打落它。"

　　这就是马蝇效应。马蝇效应给我们的启示是：一个人只有被叮着咬着，充满压力，他才不敢松懈，才会努力拼搏，不断进步。

　　压力是什么？压力可以是阻碍事业难以成功的阻力，也可以是一种驱动力。当人们有了欲望或出现紧迫感的时候，压力就会随之而来。但是，如果能够很好地运用压力，压力就能够转化为动力，从而使人们获得成功。同样，如果没有压力，动力就无从产生，人们也终将一事无成。

　　工作中的压力被认为是当今社会最主要的压迫来源之

一. 对于上班族而言，身处竞争激烈的现代社会，担心失业、缺少归属感、与亲友疏于联系、对工作前景表示忧虑以及自尊心经常受挫等，是产生压力的几个主要因素。

身在职场当中的许多员工几乎都有过工作压力太大、身体和心理难以承受等怨言。诚然，随着科学技术的高速更新换代、市场竞争的日益激烈，现代人的压力确实越来越大。面对这些压力，人们究竟该如何应对呢？据有关专家研究发现，在压力和灾难面前，心理不健康者往往会采取一些不恰当的应对措施或者消极的自我防御机制，如否认、退行、回避、压抑、反向、抵消、攻击、自责，或者用烟酒来减轻压力等，结果是适得其反。

而心理健康者会主动采取一些积极的或至少是无害的应对措施，如宣泄、转移注意力、改变目标、升华、放松、幽默、行动等方法。

那么，人们究竟应该采取哪种态度或方式来应对压力呢？或者说以什么样的态度或方式对待压力才能使自己不被压力所困扰呢？一家知名企业高级顾问认为，适度的压力并无大碍，反而有积极作用。常言道"化压力为动力"，适度的压力能使人处于应激状态，神经处于兴奋。让个人认识得到改善自我的机会，以更加努力的姿态、更高的热情完成工作，如此便有助于业绩改善；而消极地逃避或攻击等方式却对压力的缓解和问题的解决毫无用处，而且在压力面前越是消极，压力就会对你更加残酷。这正如前大文豪高尔基所说："当工作是一种乐趣时，生活就是一种快乐；当工作是一种义务时，生活就变成了苦役。"

许多专家认为，在一个可以控制的环境中会感觉到较小的压力，而在一个难以控制、存在诸多不确定性的环境中，会明显地感到压力增加。 职业人会在不同的年龄阶段、不同的职位、不同的企业环境中面临不同的工作挑战，同时也就面临着不同的压力威胁，每到这种时候我们都需要认真地对待，有效地控制新的局面。

我们首先要学会拥抱压力，对可能发生的压力有心理准备，不要总强调工作压力如何不合理、自己如何不喜欢。 减压首先要真实地面对内心世界，需要了解自己担心失去什么，是工作、职位、领导的重视、发展机会、家人的信任，还是其他方面的稳定感。 预测失去它们对自己的影响，是暂时还是长期的，是全面的还是局部的，是可以承受的还是无法承受的……总之，如果想要缓解压力、摆脱压力的束缚，就必须首先准备好迎接不可避免的压力，同时还要弄清楚压力产生的根本原因。

当我们对压力有了足够的心理准备，并确定了压力产生的真正来源之后，就要想办法将其转化为动力，所有的消极思想和逃避心理在此时都应该全部抛弃。 由于在分析压力产生的根本原因时，我们已经知道自己是因为想得到更多的酬金、更高的地位、更多的信任、更高的期望、更渊博的知识、更丰富的经验、更卓越的能力、更融洽的人际关系等，才背负那些压力的，所以我们更应该知道，没有这些压力我们就永远无法满足自己的这些需求（既包括物质方面的又包括精神方面的）。 认清这些之后，我们就会发现，只有背负着这些压力一步步地向着目标迈进，我们才能获得最终的成功。 而实际上，这种向着目标迈进的过程就是把压力转化为动力的过程。

　　总之，压力是不可避免的，要想在职场中实现更大的自我价值，我们就不能消极地逃避压力。 而且，压力并非不可战胜，相反，压力还可以转化成为强大的动力，在这种动力的推动下，人们往往能够实现更好的发展。

比伦定律：失败也是一种机会

　　"若是你在一年中不曾有过失败的记录，你就未曾勇于尝试各种应该把握的机会。"这就是"比伦定律"，它由美国考皮尔公司前总裁 F·比伦提出。万象世界，成败相依。比伦定律辩证地认知"失败"，把失败看做是成功的前奏，失败也是一种机会。

　　英国作家琼恩在她的演讲中这样说道：

　　"失败只是意味着剥去了生活中无关紧要的东西……现在，我终于自由了，因为我最大的坎坷已成为过去，而我依然健康地活着，这就是上天对我最大的恩赐。我有一个可爱的女儿，还可以继续用我的笔写出各种引人入胜的奇思妙想。曾经横亘在我生命旅程中的那些障碍为我重建了生命的扎实根基……失败并不是完全意味着不幸，它给我带来了内在的安全感。失败让我认识了自己隐藏的、未知的那一部分，而这些是无法从其他事情中学到的。通过这些失败的激励，我培养了强大的意志力，具备了比我想象的更强的自律性，我觉得自己曾经经历过的那些坎坷比红宝石还珍贵……当你认识到挫折可以使你变得更强大、更加充满智慧的时候，你才真正具有了生存能力和面对压力的生命张力。只有你本人经历了失败的考验，你才能真正认识自己，也就能够更加坦然地享受未来的成功。"

我们只有真正经历了失败，并学会与失败共处，才能从容地应对以后的失败。我们越早面对困难和挫折，越能更好地面对未来道路上的各种障碍。而没有被失败历练过的才能和成就是虚浮的，甚至是有害的。文森特在成为白宫法律顾问之前，他的职业生涯可以说是一帆风顺。据他的同事说，他的事业没有经历过任何挫折，连一点小失败都没有。后来，因为出现了政治丑闻事件而让他深感内疚，这个事件使他觉得自己很失败，他无法接受自己出现任何纰漏，后来，他选择了自杀。

当然，并不是说失败是令人愉快的，事实上，每个人都会讨厌失败。但是，比起失败带给我们的伤害，逃避失败则对我们具有更大的破坏性。就如索伦·克尔凯所说："勇于挑战可能会使我们瞬间失去平衡，而拒绝接受挑战则会使我们失去全部的自我。"

没有人喜欢失败，但是讨厌失败与恐惧失败是不同的。讨厌失败会给我们莫大的激励，让我们为下次的挑战做好充分的准备。而对失败充满恐惧，则会使我们停滞不前，让我们拒绝接受能够促进我们成长的那些风险。每个人都是在失败中成长起来的，只有学会从容地接受失败，才能从失败中得到领悟，才能更好地获得成功。

当我们遭遇失败时，可以利用"PDRP 模式"来试着接受。这种模式分为四个步骤：P（Permission）接纳、D（Distrusting）质疑、R（Reconstructing）重建、P（Perspective）展望。

罗恩是一个电器销售人员，他已经连续四个月没有达到公司要求的销售指标了，老板已经对他发出了最后通牒：如果下个月还是无法达标，那么他将被开除。这让他非常沮丧，寝食难安，他觉得自己一无是处。

以罗恩为例，他可以运用 PDRP 模式来让自己走出失败的阴影。

接纳。我们应该接纳对失败所产生的情绪，即使它扭曲了对现实的正确评估。如果与所发生的事情相对抗，假装没有感受到失败，或者假装没有发生过这件事情，只会在潜意识中增加它对我们带来的痛苦。

罗恩应该会这样想："我的确失败了，而且我无法面对这种失败，它对我的生活造成了很大的影响。"

质疑。我们应该对自己的消极想法产生质疑，并进行分析，到底是什么样的思维方式束缚了我们。

罗恩的消极想法是：

"没有这份工作，我无法生存下去。"

"我不适合从事销售的工作，我太愚蠢了。"

"我是个失败者，没有人认可我。"

我们应该意识到，这样的想法对我们没有一点帮助，反而会将我们拉入消极的深渊。我们必须将这些消极想法找出来，并对它们持怀疑态度。

重建。我们可以试着将这些消极想法转换成积极的解释，重建我们对事情的认知。 对于失败了的事情，我们可以训练自己的思维，去习惯性地将它看成是一项挑战而不是一种威胁。 比如，罗恩就可以试着将这次失败当作人生中的挑战。 他可以这样想：

"也许通过这次失败，我反而能够比别的同事更加了解客户的内心需求。 我的经历多了，经验也就会更加丰富。如果我从失败中走出来，达到了成功的目的，那么以后我反而会更加得心应手，老板也会因为我有着良好的心态和积极的思维而重用我。"

展望。 我们可以站在更高的层次来看待问题，以广阔的视角前瞻性地看待事情的全局，站在整个人生的角度看待它对我们的影响。 这时你会发现，暂时的失败不一定是坏事。

罗恩会想："也许这段时间工作上的失败反而会成为我人生中一段不可磨灭的有趣经历。 如果我的工作总是一帆风顺，那么我能够学到什么呢？ 其实失败也是一种契机。 我甚至可以将这段心路历程告诉我的儿子，给他一些启迪。"

其实，失败是一个非常必要的学习机会。 学会运用以上的方法，可以让我们的失败发挥出更大的价值。

许多心理学家从是否能够从容地接受失败的角度，将人的心理分为两种，一种是"积极完美主义"，也就是"最优主义"；另一种是"消极完美主义"，也可以直接称为"完美主义"。

最优主义者中的"最优"，可以解释为最好，对我们最有利，也就是说使用我们生命中最好的东西，达到最理想的状态。 比如，你需要购买一套房子，你会在经济状况允许的情况下，购买最符合自己需求的房子，而不是追求完美却不在自己承受范围之内的房子，这就是寻求"最优"的方式。最优主义者通常具有积极的生活态度，他们不会拒绝失败，而是不断地对自己的心灵进行激励，并且常常鼓励别人追求更好的目标。

完美主义者则是极力寻求生命的完美，他们不允许生命中出现一点瑕疵。心理学家大卫·伯恩斯是这样描述完美主义者的："一些拥有无法达到的、非理性的目标的人，他们会不断地强迫自己完成超出现实的目标，并且只以是否能够成功来衡量自己的人生价值。"完美主义者希望自己的道路是一帆风顺的，当他们的生活中出现任何障碍，或者一些事情没有按照他们所预期的轨道进行，他们就会产生极大的挫败感。

完美主义者与最优主义者的不同本质在于，前者拒绝接受现实中的失败，而后者能够接受失败。我们可以将两者进行具体比较：

1. 完美主义者
（1）认为人生旅程应该一帆风顺；
（2）无法接受任何失败；
（3）只关注结果；
（4）极端思维（全有或全无）；
（5）抵触任何建议；
（6）习惯搜索缺陷。

2. 最优主义者
（1）认为人生旅程可以出现坎坷；

（2）从失败中得出经验；

（3）关注结果和过程；

（4）具有变通性的思维；

（5）接受建议；

（6）习惯挖掘价值。

我们可以对这些不同的特质进行分析：

（1）完美主义者期望所有事情的过程都是完美的，他们希望通往成功的道路是一条直线，当然，他们也不会接受失败。最优主义者则允许自己犯错、跌倒，他们愿意无数次重来，他们为将会遇到的困难和失败做好了准备，并相信人生之路原本就是坎坷的。

（2）面对失败，完美主义者会产生恐惧。当现实与他们的理想不符时，他们会觉得自己所做的一切都是徒劳的，甚至会因此而崩溃。最优主义者则会根据失败去衡量现实与理想的差距，并通过自己的努力逐渐缩小这种差距。

（3）完美主义者只关注事情的结果，他们认为过程毫无意义，甚至是非常痛苦的。他们体会不到过程中的任何乐趣，完全被"达到目标"这个思维左右。最优主义者则会珍惜通往终点的过程，他们觉得那是很好的学习机会，他们清楚地知道，生命就是由一点一滴的过程所组成的。

（4）在完美主义看来，世界上的事情只分为好或坏、对或错、成功或失败，他们衡量事物的标准非常极端。我们可以将这种思维称为"全有或全无"。最优主义者则认为输赢和对错并没有绝对的差别，因为在这两个极端中间还存在许多可能性，他们会从中找到另外一些价值。

（5）完美主义者通常对别人的批评和建议有着强烈的抵触情感，他们希望从别人那里得到对自己的肯定，如果遭到批评，他们会觉得自己毫无价值。最优主义者则乐于接受批评和建议，他们会从中得到反馈的价值。

（6）完美主义者习惯搜寻事情中不完美的部分，他们将目光放在事物的缺陷上。最优主义者则更加看重事物的价值，即使在黑暗中，他们也会不遗余力地寻找一丝光明。他们对待失败的态度是乐观的。

在分析完了两者不同的特质后，我们可以试着审视自己属于哪一种类型。完美主义者对失败感到恐慌和极度反感，而最优主义者则会试着利用失败，努力靠近成功。所以，我们要学会从容地接受失败，应该试着做一个最优主义者。

爱默生说："对于不同的人来说，同一个世界可能是天堂，也可能是地狱。"的确，我们对事情的主观解释就决定了它们在我们眼中所呈现的样子。比如，一个学生在考试中得到了 80 分（总分为 100），如果他是完美主义者，就会着眼于另外的 20 分。他会因此懊恼："我一定是太愚蠢了，连这 20 分都拿不到。"而最优主义者则会想："我能够得到 80 分，这证明我掌握了大部分的知识，而我只需要对另外 20 分的内容进行复习，就可能会得到满分。"

第六章

约拿情结：从自我提升到自我突破

约拿情结：不仅害怕成功，也害怕失败

　　"约拿情结"是美国著名心理学家马斯洛提出的一个心理学名词。

　　"约拿"是圣经旧约里面的一个人物。 他本身是一个虔诚的犹太先知，并且一直渴望能够得到神的差遣。 神终于给了他一个光荣的任务，去宣布赦免一座本来要被罪行毁灭的城市——尼尼微城。 约拿却抗拒这个任务，他逃跑了，不断躲避着他信仰的神。 神的力量到处寻找他，唤醒他，惩戒他，甚至让一条大鱼吞了他。 最后，他几经反复和犹疑，终于悔改，完成了他的使命——宣布尼尼微城的人获得赦免。"约拿"是指代那些渴望成长又因为某些内在阻碍而害怕成长的人。

　　简单地说，"约拿情结"就是对成长的恐惧。 它来源于心理动力学理论上的一个假设："人不仅害怕失败，也害怕成功。" 其代表的是一种机遇面前自我逃避、退后畏缩的心理，是一种情绪状态，并导致我们不敢去做自己能做得很好

的事，甚至逃避发掘自己的潜力。 在日常生活中，约拿情结可能表现为缺少上进心，或称"伪愚"。 它的存在也许有一定的合理性，不过，从自我实现的角度来看，这是一种阻碍自我实现的心理障碍因素。

约拿情结的基本特征可以分为两个方面：

一方面是表现在对自己，另外一方面是表现在对他人。

对自己，其特点是：逃避成长，拒绝承担伟大的使命。

对他人，其特点是：嫉妒别人的优秀和成功、幸灾乐祸于别人的不幸。

人类的心理是复杂而奇怪的：我们渴望成功，但当面临成功时却总伴随着心理迷茫；我们自信，但同时又自卑；我们对杰出的人物感到敬佩，但总是伴随着一丝敌意；我们尊重取得成功的人，但面对成功者又会感到不安、焦虑、慌乱和嫉妒；我们既害怕自己最低的可能状态，又害怕自己最高的可能状态。 简单地说，这些表现，就是对成长的恐惧——既畏惧自身的成功又畏惧别人的成功。

约拿情结是一种复杂的心理现象。 它的存在也许有一定的合理性，不过，从自我实现的角度来看，这是一种阻碍自我实现的心理障碍因素。

马斯洛给他的研究生上课的时候，曾向他们提出如下的问题："你们班上谁希望写出美国最伟大的小说？""谁渴望成为一个圣人？""谁将成为伟大的领导者？"等等。 据马斯洛记录，他的学生们在这种情况下，大家通常的反应都是咯咯地笑、红着脸、不安地蠕动。 马斯洛又问："你们正在悄悄计划写一本什么伟大的心理学著作吗？"他们通常红着脸、结结巴巴地搪塞过去。 马斯洛还问："你难道不打算成为心理学家吗？"有人回答说，"当然想啦。"马斯洛说："你是想成为一位沉默寡言、谨小慎微的心理学家吗？那有什么好处？ 那并不是一条通向自我实现的理想途径。"

人类中普遍存在某种约拿情结，即：不是追求高级需求，追求卓越、崇高的自我实现，而是相反，逃避高级需求，逃避卓越、崇高的人类品行。 人们视天真纯情为幼稚可笑，视诚实为轻信，视坦率为无知，视慷慨为缺乏判断力，视工作中的热情为懦弱，视同情心为廉价和盲目。

"约拿情结"的问题还在于，自己怕出名，如果别人出了名，他又会嫉妒，心里巴不得别人倒霉。 这种情结阻碍生命成长和自我实现，马斯洛给它取名为约拿情结。 仇恨是我们在现实生活中最常发现的阻碍成长的内在原因。 我们常常可以观察到这种情况，一个聪明的年轻人，他在学校里成绩很好，但在高考前夜突然生病了，以至于失去了考试的机会。 后来他工作了，能力很强，颇得赏识。 但是在他马上就要得到一次关键的升迁的时候，他又辞职了……尽管这些事情的发生看似偶然，但深入接触他的内心世界时我们会发现，他的内心埋藏着对父母未曾宣泄的怨恨。 为了潜意识里报复父母的愿望，他下意识地毁掉了自己的前途。 其潜在的愿望可以表述如下："你们休想得到一个成功的儿子，我就是要让你们失望和痛苦！"这些内在冲突有时候可以被我们意识到，但大多数时候，它被潜抑在无意识里。

人们不仅躲避自己的低谷，也躲避自己的高峰。 不仅畏惧自己最低的可能性，也畏惧自己最高的可能性。 "约拿情结" 发展到极致，就是"自毁情结"，即面对荣誉、成功、幸福等美好的事物时，总是浮现"我不配"，"我受不了"的念头，最终把到手的机会放弃了。我们大多数人内心都深藏着"约拿情结"。心理学家们分析，这是因为在我们小时候，由于本身条件的限制和不成熟，心中容易产生"我不行""我办不到"等消极的念头，如果周围环境没有提供足够的安全感和机会供自己成长的话，这些念头会一直伴随着我们。尤其是当成功机会降临的时候，这些心理表现得尤为明显。因为要抓住成功的机会，就意味着要付出相当的努力，面对许多无法预料的变化，并承担可能导致失败的风险。

毫无疑问，"约拿情结"是我们平衡自己内心心理压力的一种表现。我们每个人其实都有成功的机会，但是在面临机会的时候，只有少数人敢于打破平衡，认识并克服了自己的"约拿情结"，勇于承担责任和压力，最终抓住并获得了成功的机会。这也就是为什么只有总是少数人成功，而大多数人却平庸一世的重要原因。

"约拿情结"作为一种普遍存在的心理现象和社会现象，究其产生的根源，心理学家做了以下几个方面的分析：

一是一个人由于自身条件的限制以及其他各方面原因的影响，在面对各种事物时，心中产生过"我不行""我办不到"的想法，为其在今后的成长过程中埋下了"隐患"和"伏笔"。

二是周边环境的影响。因为周边环境不能提供一种安全感和成长机会供自己成长，加之先前留下的"隐患"，会使人产生一种"患得患失"的感觉，从而会失去有利的时机和机会。

三是民族文化以及从众心理的影响，诸如"出檐的檐子烂得快"，"枪打出头鸟"的惯性思维，往往会使人包装成"谦虚"的外衣，甚至刻意去迎合大众心理，使自己的棱角被磨平，从而导致自甘平庸。一个人要想获得成功，必须认识和克服自身的"约拿情结"，用慧眼认清机会，紧紧抓住机会，勇于承担责任和压力，为自己成长和成功创造一个良好的发展平台。

如何才能克服"约拿情结"这一成长的障碍，发挥自身潜力和更好的成长呢？马斯洛并没有对这一问题进行明确和深入的回答。萎缩的个体和奔放的个体，"这两者之间的差异，简单来看就是恐惧与勇气之间的差异"（《约拿情结——理解我们对成长的恐惧》）。也许，克服"约拿情结"是一个非常复杂的心理问题、文化问题、社会问题，但毋庸置疑，我们可以做的首先就是不再浑浑噩噩，清楚了解自己的心理状况，勇敢面对冲突和矛盾，相信自己可以比现在做得更好。"走自己的路，让别人说去吧！"

克服"约拿情结"的影响，必须首先对心理进行一系列的矫正：

第一：每个人必须清楚地了解自己的内心状况，大胆承认"约拿情结"的存在。在面对责任和压力时，要克服恐惧和害怕心理，鼓起勇气，坚定信心，相信自己，明知山有虎，偏向虎山行，不管遇到怎样的困难和挫折，要有破釜沉舟，血战到底的勇气和信心。

第二：克服成长过程中的恐惧，同时也要看到自身的不足。 成长和成功是一个循序渐进的过程。 在这个过程中，必须付出艰辛的劳动、汗水和心血，甚至失败。 世上无难事，只怕有心人。 只要我们每个人尽了最大的努力，发挥了自己应有的潜能，尽管失败了，但起码可以积累一些经验和教训，这样离成功的日子也就指日可待了。

第三：要具备"毛遂自荐"的勇气和信心，与其等待别人发现自己，倒不如最大限度地展现自身的才华。 伯乐相马固然可敬可佩，但前提是要坚持勤相马，发现良驹。 不然，一直等下去，岂不悲哉？

洛克定律：为自己制定目标

　　洛克定律是指：当目标既是未来指向的，又是富有挑战性的时候，它便是最有效的。可以为自己制定一个总的高目标，但一定要为自己制定一个更重要的实施目标的步骤。千万别想着一步登天，多为自己制定几个篮球架子，然后一个个地去克服和战胜它，久而久之你就会发现，你已经站在了成功之巅。

　　这个定律的提出者是美国管理学家埃德温·洛克，他认为：有专一目标，才有专注行动。要想成功，就得制定一个奋斗目标。但是，目标并不是不切实际地越高越好。每个人都有自己的特点，有别人无法模仿的一些优势。只有好好地利用这些特点和优势去制订适合自己的高目标和实施目标的步骤，你才可能取得成功。对每个人来说，在实施目标时，只有当每个步骤既是未来指向的，又是富有挑战性的时候，它才是最有效的。

　　一个没有明确目标的人，就像一艘没有舵的船，永远漂流不定，只会到达失败的港湾。

美国财务顾问师协会的前总裁刘易斯·沃克曾接受一位记者的问题采访，是有关稳健投资计划基础的。他们聊了一会儿后，记者问道："到底是什么因素使人无法成功？"沃克回答："没有明确的目标。"

记者要求沃克能进一步解释，他说："我在几分钟前就问你，你的目标是什么，你说希望有一天可以拥有一栋山上的小屋，这就是一个模糊不清的目标。问题就在'有一天'不够明确，因为不够明确，成功的机会也就不大。"

"如果你真的希望在山上买一间小屋，你必须先找到那座山，找出你想要的小屋现值，然后考虑通货膨胀，算出 5 年后这栋房子值多少钱；接着你必须决定，为了达到这个目标，每个月要存多少钱。如果你真的这么做，你可能在不久的将来就会拥有一栋山上的小屋，但如果你只是说说，梦想就可能不会实现。梦想是简单而让人兴奋的，但如果没有配合实际行动和充足全面的计划，那最后只能是妄想而已。"

许多人埋头苦干，却不知所为何来，到头来发现追求成功的阶梯搭错了边，却为时已晚。因此，我们务必掌握真正的目标，并拟定达到目标的过程，澄明方向，凝聚继续向前的力量。

你是否有一个目标？你必须有一个，因为你难以达到你并未曾有的目标，正像要你从一个从未到过的地方回来一样。

塞缪尔·斯迈尔斯发现，在生活中，有不少人缺乏明确的目标。他们就像地球仪上的蚂蚁，看起来很努力，总是不断地在爬，然而却永远找不到终点，找不到目的地。同样，在生活中没有目标，活动没有焦点，也会使你白费力气，得不到任何成就与满足。

没有目标的活动无异于梦游，没有目标的生活只不过是一种幻象。许多人把一些没有计划的活动错当成人生的方向，他们即使花费了九牛二虎之力，由于没有明确的目标，最后还是哪里都到不了。要攀到人生山峰的更高点，当然必须要有实际行动，但是首要的是找到自己的方向和目的地。如果没有明确的目标，更高处只是空中楼阁，望不见更不可及。如果我们想要使生活有所突破，到达很新且很有价值的目的地，首先一定要确定这些目的地是什么。只有设定了目的地，人生之旅才会有方向、有进步、有终点。

明确的目标让我们有所适从、有所安心，为我们带来目的，指导我们的行动，否则我们在生活中就像无头苍蝇一样到处乱窜，当我们有了目标与方向，就有理由使自己不断前进、不断成长，开创新天地，发挥创造力。要设立目标需要努力自律，一旦建立好了目标，就需要更多的努力和夜以继日的工作来逐步实现，而督促人生的航标不脱离方向以及不断给自己设定新的目标，需要更多的努力和自律。设定和实现目标要花费这么多的努力和自律，毅力稍差的人干脆就不设目标、不实现目标了。任由现状，得过且过，放弃了目标，或是虽然有目标却懒得去实现。 光有目标并不能使我们不断朝前迈进，还要有行动计划的配合才行。 目标的树立是使我们明确方向，而行动计划则告诉我们该怎么做、做什么才能到达我们想要去的地方。 行动计划确定于我们追求目标时所要投入的活动。

在休闲生活中，我们一样要树立明确的目标，投入实际行动，才能获得成就感和满足感。 并且，由于你的欲望和需要处于不断的变化之中，有些目标将会实现，而有些活动将不再对你有吸引力，因此你必须经常反省自己的欲望，修订自己的目标与活动清单，每隔几个星期你就该回顾一下。

发现自己是什么样的人，搞清楚自己的真正需要，树立起明确的目标，并培养出强烈的动机和热情，朝你心中向往的那个方向前进。 这是你自己的挑战，与其他任何人都无关。 你必须面对现实，生活中每一件值得获取的事——冒险、轻松的心情、爱、精神上的成就、友谊、满足与愉快——都有代价，任何能使你的生存更有价值、生活更有意义的事都需要付出努力、时间、心血和行动。 如果你不是这样想的话，你一定会遭遇更多的挫折。

虽然制定短期目标一直是经营的主要策略，但是大家仍然不太懂得如何制定目标。 著名成功学家希尔认为，"短期目标"是一种独特的工具，它是意义和行动的桥梁。 它捉住你热切的期望，把它们变成计划的原料。 短期目标界定什么重要、什么不重要，而且它使我们集中力量努力完成每一阶段的目标。 短期目标是动用人力去完成特殊结果的基本工具。 希尔说："制定短期目标，正是对慢工出细活儿这一铁律的印证。"由于工作堆积如山，非得马上动手，否则赶不完，于是有人竖立了一个牌子，提醒自己："现在就做！"其实，匆匆忙忙不见得能够把事情办好，最好还是先坐下来，养养神，放松情绪。能够想一想智者的想法，就更有好处。希尔劝导人们说："有短期目标的人，比轻率行事的人更明智。"

除非有明确满意的解决方法，否则，最好把问题搁在一边。问题的解决，并不在于一蹴而就，而在于步步为营，深沟高垒，从冷静沉着中寻找出可行的办法。正确的途径是经过深思熟虑之后获得的。希尔说："经过周密思考后，特意不采取行动。因为胸有成竹，所以不轻举妄动。"时机尚未成熟便想一步登天，结果成事不足，败事有余。

《圣经·旧约》中记载，阿十西德无论走到哪里，都播下苹果种子。希尔建议说，希望你向他看齐，不过，你们播的是成功的种子！无论走到哪里，都要为成功播种，然后再证实有足够的时间茁壮成长，你便有了成功的果实、丰饶的收获了。

当然，越快成功越好，但是不要操之过急。操之过急的人，往往会有麻烦。避免麻烦比摆脱麻烦容易得多。所以，你要想顺利地、轻松地实现未来远景，就必须一步一个脚印，制定每一个事业发展阶段的短期目标。这样，你就可以踏着这些台阶，拾级而上，奔向成功了。

但是人们在制定目标时往往显得十分笨拙，缺乏现实性和前瞻性，把目标搞得模糊不清，让人不忍目睹。大家喜欢行动（这比较具体而刺激），却不喜欢花费精神去拟定目标

（这常是抽象的），诚如一位事业人所说："制定目标使我头痛。"

希尔说："我们不能把目标放在真空里，因为目标指挥我们的注意力朝向问题的解决或机会的掌握。你必须配合自己的需要、希望，看什么需要留意。"

短期目标应该代表你当前事业面临的主要问题，这些问题的分类依据是：

重要性（解决这个问题或抓住这个机会，会使情况改观吗）、类型（这个问题代表什么挑战）和紧迫程度（如果不尽快处理，结果是否更糟，机会是否溜掉）。

一旦我们分辨清楚主要问题，就能安排出优先顺序，然后集中处理最严重、最迫切需要解决的一个问题。

吉格定理：勤奋将天分变为了天才

吉格定理是由美国培训专家吉格·吉格勒提出的，他曾经说过："除了生命本身，没有任何才能不需要后天的锻炼。"不管是天才还是智力一般的人，都需要后天的努力勤奋才能成功，否则有天分的人也会变成庸才。

曾国藩是中国近代史上的风云人物，他曾经建立了很多不朽的功业，不过他的天赋并不高。那时他还未考取功名，有天晚上曾国藩正在家里读书，一篇文章不知道反复读了多少遍，可总也背不下来。这时候在他书房外面，一直潜伏着一个小偷。这小偷本打算等曾国藩睡觉之后，就进屋捞点好东西，可是他躲在角落里等啊等，就是不见屋里的灯熄灭。这倒不算，他还在外面不停地听曾国藩翻来覆去地读一篇文章，耳朵饱受摧残。终于，小偷忍不住了，他大怒着闯进门来说："你这种水平还读什么？"说完便将那文章非常顺利地背诵了一遍，然后扬长而去。

相比当时的曾国藩而言，小偷是聪明的，并且还很勇敢，身为一个小偷居然还可以跳出来发怒。可惜，他并没有对记忆能力进行锻炼，终究只是个小偷而已。而曾国藩虽然那么没天赋，却懂得勤能补拙，成就了自己在历史上的丰功伟业。

勤能补拙的道理，人尽皆知，可是真正能做到"业精于勤"的人又有几个？与其说是安逸的生活磨灭了我们的斗志，倒不如说久居于安逸的习惯已经让人懒得去勤奋了。既然粗茶淡饭也能吃饱肚皮，为何还要拼了命地对自己那么苛刻？既然可以时常呼朋唤友小醉一场，死猪一样安睡，为何还要日日挑灯看书、夜不能寐地工作？既然可以在山脚野地寻得一处安逸，为何还要在大城市中为求一隅而辛苦奋斗着？人各有志，如果你真的乐于像神仙般逍遥自在，暂忘尘世的艰辛，倒也罢了，但若心中有大志，却还如此过活，只能与伟业绝缘。

我们对于"天才"这个词并不陌生，人们总是不吝于将如此具有褒奖的词送给那些有卓越成就的人，比尔·盖茨就是其中之一。毫无疑问，他的确是一个很有天分的人，但同时他也非常勤奋。在很多人的眼中，比尔·盖茨极其聪明并且具有商业头脑，人们对于他中途辍学创业的故事总是津津乐道，对于他世界首富的地位也总是充满着羡慕。可是，我们也不要忽视了他为此所做出的努力，为了打造微软的软件王国，他从 1978 到 1984 年整整 6 年的时间里只休息了 6 天，有几个人能做到这一点?

其实,每个可以称得上"天才"的成功人士,背后都有我们所不知道的艰辛,所有令人敬仰羡慕的背后也都写满了勤奋的故事。有位哲人曾经说过:"我从来就不会对那些天生智力过人的天才投以羡慕的目光,我只欣赏那些一直勤奋的人,他们将脚印镌刻在汗水与泪光中。"生活没有捷径,任何奇迹的发生都不会凭空出现。即便是一个极具天分的人,如果只是得意于自己的聪明才智,而不在后天的环境里勤加练习,最后也会如王安石笔下的"仲永"一般,变得碌碌无为。

小李的学习成绩挺好,毕业后却屡次碰壁,一直找不到理想的工作。他觉得自己怀才不遇、生不逢时,对社会感到非常失望。他为没有伯乐来赏识他这匹"千里马"而愤慨,甚至因伤心而绝望。

怀着极度的痛苦,他来到大海边,打算就此结束自己的生命。

当他即将被海水淹没的时候,一位老人救起了他。老人问他为什么要走绝路。

小李说:"我得不到别人和社会的承认,没有人欣赏我,所以觉得人生没有意义。"老人从脚下的沙滩上捡起一粒沙子,让年轻人看了看,随手扔在了地上,然后对小李说:"请你把我刚才扔在地上的那粒沙子捡起来。"

"这根本不可能!"小李低头看了一下说。老人没有说话,从自己的口袋里掏出一颗晶莹剔透的珍珠,随手扔在了沙滩上，然后对小李说："你能把这颗珍珠捡起来吗？"

"当然能！"

"那你就应该明白自己的境遇了吧？你要认识到，现在你自己还不是一颗珍珠，所以你不能苛求别人立即承认你。如果要别人承认，那你就要想办法使自己变成一颗珍珠才行。"小李低头沉思，半晌无语。

经过老人的劝导后，小李对自己的愚蠢行为感到非常悔恨，从此奋发图强，最后创办了自己的公司。

有的时候，你必须知道自己只是普通的沙粒，而不是珍贵的珍珠。你要出人头地，不仅要有出类拔萃的资本，更要有埋头苦干的精神。

世界上有许多贫穷的孩子，他们虽然出身卑微，却能干出伟大的事业来。富尔顿发明了一个小小的推进机，结果成为美国最著名的工程师；法拉第仅仅凭借药房里的几瓶药品，成了英国有名的化学家；惠德尼靠着小店里的几件工具，竟然成了纺织机的发明者；贝尔用最简单的器械做出了对人类文明最有价值的贡献——电话。

美国历史上有许多感人肺腑、催人泪下的故事，主人公确定了伟大的人生目标，尽管在前进中遭遇了种种艰难险阻，但他们以坚韧的意志力最终克服了一切困难，获得了成功。失败者的借口通常是："我没有机会。"他们将失败理由归结为没有人垂青他们，好职位总是让他人捷足先登。而那些意志力坚强的人则决不会找这样的借口，他们不等待机会，也不向亲友们哀求，而是靠自己的苦干努力去创造机会。他们深知唯有自己才能拯救自己。

在取得了一次战役胜利后，有人问亚历山大是否等待下一次机会，再去进攻另一座城市，亚历山大听后竟大发雷霆："机会？机会是靠我们自己创造出来的。"不断地创造机会，正是亚历山大之所以成为历史上最伟大帝王的原因，也唯有不断创造机会的人，才能建立轰轰烈烈的丰功伟绩。

做任何事情总是等待机会是极其危险的。一切努力和热望都可能因等待机会而付诸东流，而机会最终也不可得。

年轻人如果看了林肯的传记，了解他幼年时代的境遇和后来的成就，会有何感想呢？他住在一所极其简陋的茅舍里，没有窗户，也没有地板，用今天的居住标准看，他简直就是生活在荒郊野外。他的住所距离学校非常远，生活必需品也很缺乏，更谈不上有报纸、书籍可以阅读了。然而就是在这种情况下，他每天坚持不懈地走二三十里路去上学。为了能借几本参考书，他不惜步行一二百里路。到了晚上，他靠着燃烧木柴发出的微弱火光来阅读……林肯只受过一年学校教育，成长于艰苦卓绝的环境中，但他竟能努力奋斗，最终成为美国历史上最伟大的总统，成了世界历史上最完美的模范人物。

天赋和坚韧对你开辟新的道路是重要的因素，但勤奋的经营却是你获得成功的基本保证，因为无论你做了多少准备，有一点是不容置疑的：当你进行新的尝试时，你可能犯错误，不管作家、运动员或是企业家，只要不断对自己提出更高的要求，都难免失败。但失败并非罪过，重要的是从中吸取教训。

因此，那些跌倒了爬起来、掸掸身上的尘土再上场一拼的人，才会在人生路上获得成功。 美国百货大王梅西就是一个很好的例子。

他于 1882 年生于波士顿，年轻时出过海，以后开了一间小杂货铺，卖些针线。铺子很快就倒闭了。一年后他另开了一家小杂货铺，仍以失败告终。

在淘金热席卷美国时，梅西在加利福尼亚开了个小饭馆，本以为供应淘金客膳食是稳赚不赔的买卖，岂料多数淘金者一无所获，什么也买不起，这样一来，小铺又倒闭了。回到马萨诸塞州之后，梅西满怀信心地干起了布匹服装生意，可是这一回他不只是倒闭，简直是彻底破产，赔了个精光。

不死心的梅西又跑到新英格兰做布匹服装生意。这一回他时来运转了，他买卖做得很灵活，甚至把生意做到了街上商店。头一天开张时账面上才收入 11.08 美元，而现在位于曼哈顿中心地区的梅西公司已经成为世界上最大的百货商店之一了。

有一句名言是这样讲的："许多人的生命之所以伟大，是因为他们承受了巨大的苦难。"杰出的才干往往是从苦难的烈焰中冶炼出来的，是从苦难的坚石上磨砺出来的。 困难总会吓退一大批庸碌的竞争者。 只有真正经历过艰苦工作的人才能得到命运的垂青。

让我们勤奋工作！

这是古罗马皇帝临终前留下的遗言。 当时，士兵们全部聚集在他的周围。 勤奋与功绩是罗马人的伟大箴言，也是他们征服世界的秘诀所在。 那些凯旋的将军都要归乡务农。当时，农业生产是受人尊敬的工作，罗马人之所以被称为优秀的农业家，其原因也正在于此。 正是因为罗马人推崇勤劳的品质，才使整个国家逐渐变得强大起来。

为此，古罗马人建立了两座圣殿，一座是勤奋的圣殿，一座是荣誉的圣殿。 他们在安排座位时有一个顺序，即必须经过前者的座位，才能达到后者——勤奋是通往荣誉圣殿的必经之路。 这也是世界上所有成功者的必经之路。

杜根定律：自信才是硬道理

D.杜根是美国橄榄球联合会前主席，他曾经提出这样一个说法：强者未必是胜利者，而胜利迟早都属于有信心的人。 这就是心理学上的"杜根定律"。

坚强的自信，是伟大成功的源泉。 无论才干大小、天资高低，有了自信和自强，就有了成功的可能。 如果你去分析研究那些成就伟大事业的卓越人物的人格特质，就会发现，这些卓越人物在开始做事之前，总是具有充分坚定的自信心，深信所从事的事业必能成功。 这样，在做事时他们就能付出全部的精力，克服一切艰难险阻，直到取得最终的成功。

美国学者查尔斯 12 岁时，在一个细雨霏霏的星期天下午，在纸上胡乱画画，画了一幅菲力猫，它是大家所喜欢的喜剧连环画上的角色。他把纸拿给了父亲。当时这样做有点鲁莽，因为每到星期天下午，父亲就拿着一大堆阅读材料和一袋无花果独自躲到他们家所谓的客厅里，关上门去忙他的事。他不喜欢有人打扰。

但这个星期天下午，他却把报纸放到一边，仔细地看着这幅画。"棒极了，查尔斯，这画是你徒手画的吗?"

"是的。"

父亲认真打量着画，点着头表示赞赏，查尔斯在一边激动得全身发抖。父亲几乎从没说过表扬他的话，很少鼓励他们五兄妹。他把画还给查尔斯，说："在绘画上你很有天赋，坚持下去!"从那天起，查尔斯看见什么就画什么，把练习本都画满了，对老师所教的东西毫不在乎。

父亲离家后，查尔斯只有自己想办法过日子，并时常给父亲寄去一些认为会吸引他的素描画并眼巴巴地等着他的回信。父亲很少写信，但当他回信时，其中的任何表扬都会让查尔斯兴奋几个星期，他相信自己将来一定会有所成就。

在美国经济大萧条那段最困难时期，父亲去世了，除了福利金，查尔斯没有别的经济收入，他 17 岁时只好离开学校。受到父亲生前话语的鼓励，他画了三幅画，画的都是多伦多枫乐曲棍球队里声名大噪的"少年队员"，其中有琼·普里穆、哈尔维、"二流球手"杰克逊和查克·康纳彻，并且在没有约定的情况下把画交给了当时多伦多《环球邮政报》的体育编辑迈克·洛登，第二天迈克·洛登便雇用了查尔斯。在以后的 4 年里，查尔斯每天都给《环球邮政报》体育版画一幅画。那是查尔斯的第一份工作。

查尔斯到了 55 岁时还没写过小说，也没打算这样做。

在向一个国际财团申请电缆电视网执照时，他才有了这样的想法。当时，一个在管理部门的朋友打电话来，说他的申请可能被拒绝，查尔斯突然面临着这样一个问题："我今后怎么办？"查阅了一些卷宗后，查尔斯偶尔用十几句潦草的字体写下了一部电影的基本情节。他在办公室里静静地坐了一会儿，思索着是否该把这项工作继续下去，最后他拿起话筒，给他的朋友——小说家阿瑟·黑利打了个电话。

"阿瑟，"查尔斯说，"我有一个自认为不寻常的想法，我准备把它写成电影。我怎样才能把它交到某个经纪人或制片商，或是任何能使它拍成电影的人手里？""查尔斯，这条路成功的机会几乎等于零。即使你找到某人采用你的想法并把它变为现实，我猜想你的这个故事梗概所得的报酬也不会很高。你确信那真是个不同寻常的想法吗？""是的。""那么，如果你确信，哦，提醒你，你一定要确信，为它押上一年时间的赌注，把它写成小说，如果你能做到这一点，你会从小说中得到收入，如果很成功，你就能把它卖给制片商，得到更多的钱，这是故事梗概远远不能做到的。"查尔斯放下话筒，开始问自己："我有写小说的天赋和耐心吗？"他沉思后，对自己越来越有信心。他开始自己进行调查、安排情节、描写人物……为它赌上了一年还要多的时间。

一年零三个月后，小说完成了，在加拿大的麦克莱兰和斯图尔特公司，在美国的西蒙公司、舒斯特和艾玛袖珍图书公司，在大不列颠、意大利、荷兰、日本和阿根廷，这部小说均得到出版。结果，它被拍成电影——《绑架总统》，由威廉·沙特纳、哈尔·霍尔布鲁克、阿瓦·加德纳和凡·约翰逊主演。此后，查尔斯又写了五部小说。

假如你有自信，你就会获得比你的梦想多得多的成功。

我们常会见到这样的人，他们总是对自己所在的环境不满意，由此产生了苦恼。例如，一个学生没有考上理想的学校，觉得自己比不上别人，很自卑。于是书也念不下，一天天无精打采地混日子。

有的人对自己的工作不满意，认为赚钱少、职位低，比不上别人，心里又是自卑又是消沉，天天懒洋洋的，做什么也打不起精神来。于是工作常出错，上司不喜欢他，同事也认为他没出息。如此一来，他就越来越孤独，越来越被单位的人排挤，越来越远离快乐和成功。

其实，一个人如果对自己目前的环境不满意，唯一的办法就是让自己战胜这个环境。就拿走路来说，当你不得不走过一段狭窄艰险的路段时，你只能打起精神克服困难、战胜险阻，把这段路走过去，而绝不是停在途中抱怨，或索性坐在那里听天由命。

成功者有一个显著特征，就是他们无不对自己充满了极大的信心，无不相信自己的力量。那些没有做出多少成绩的人，其显著特征是缺乏信心，正是这种信心的丧失使得他们卑微怯懦、唯唯诺诺。

坚定地相信自己，绝不容许任何东西动摇自己有朝一日必定事业成功的信念，这是所有取得伟大成就人士的基本品质。许多极大地推进了人类文明进程的人开始时都落魄潦倒，并经历了多年的黑暗岁月。在落魄潦倒的黑暗岁月里，别人看不到他们事业有成的任何希望。但是他们却毫不气馁，始终如一兢兢业业地刻苦努力，他们相信终有一天会柳暗花明。

想一想这种充满希望和信心的心态对世界上那些伟大的创造者的作用吧！在光明到来之前，他们在枯燥无味的苦苦求索中煎熬了多少年！要不是他们的信心、希望和锲而不舍的努力，成功的时刻也许永远不会到来。信心是一种心灵感应，是一种思想上的先见之明。

曾经担任过美国足联主席的戴伟克·杜根说过这样一段话："你认为自己被打倒了，那么你就是被打倒了；你认为自己屹立不倒，那你就屹立不倒。你想胜利，又认为自己不能，那你就不会胜利；你认为你会失败，你就失败。因为，环顾这个世界成功的例子，我发现，一切胜利皆始于个人求胜的意志与信心。你认为自己比对手优越，你就是比他们优越；你认为比对手低劣，你就是比他们低劣。因此，你必须往好处想，你必须对自己有信心，才能获取胜利。在生活中，强者不一定是胜利者；但是，胜利迟早属于有信心的人。"

信心是使人走向成功的第一要素。换句话说，当你真正建立了自信，你就已开始步向事业的辉煌。

坚定地相信自己，绝对不能因为任何东西而动摇，要坚定自己有朝一日必定能在事业上取得成功的信念，这就是所有取得了伟大成就的人士的基本品质。

2001 年 5 月 20 日，美国一位名叫乔治·赫伯特的推销员，成功地把一把斧子推销给小布什总统。布鲁金斯学会得知这一消息，把刻有"最伟大推销员"的一只金靴子赠予他。这是自 1975 年以来，该学会的一名学员成功地把一台微型录音机卖给尼克松后，又一名学员登上如此高的领奖台。

　　布鲁金斯学会以培养世界上最杰出的推销员著称于世。它有一个传统，在每期学员毕业时，设计一道最能体现推销员能力的实习题，让学生去完成。克林顿当政期间，他们出了这么一个题目：请把一条三角裤推销给现任总统。八年间，有无数个学员为此绞尽脑汁，可是，最后都无功而返。克林顿卸任后，布鲁金斯学会把题目换成：请把一把斧子推销给小布什总统。

　　鉴于前八年的失败与教训，许多学员放弃了争夺金靴子奖，个别学员甚至认为，这道毕业实习题会和克林顿当政期间一样毫无结果，因为现在的总统什么都不缺少，再说即使缺少也用不着他们亲自购买。

　　然而，乔治·赫伯特却做到了，并且没有花多少工夫。一位记者在采访他的时候，他是这样说的："我认为，把一把斧子推销给小布什总统是完全可能的，因为布什总统在得克萨斯州有一座农场，里面长着许多树。于是我给他写了一封信，说：有一次，我有幸参观您的农场，发现里面长着许多大树，有些已经死掉，木质已变得松软。我想，您一定需要一把小斧头，但是从您现在的体质来看，这种小斧头显然太轻，因此您仍然需要一把不甚锋利的老斧头。现在我这儿正好有一把这样的斧头，很适合砍伐枯树。假若您有兴趣的话，请按这封信所留的信箱，给予回复……最后他就给我汇来了15美元。"

乔治·赫伯特成功后，布鲁金斯学会在表彰他的时候说："金靴子奖已空置了26年，26年间，布鲁金斯学会培养了数以万计的推销员，造就了数以百计的百万富翁。这只金靴子之所以没有授予他们，是因为我们一直想寻找这么一个人，这个人不因有人说某一目标不能实现而放弃，不因某件事情难以办到而失去自信。"

事实上，不是因为有些事情难以做到我们才失去自信，而是因为我们失去了自信有些事情才显得难以做到。

许多推进了人类文明进程的人，开始时落魄潦倒，并经历了许多年的黑暗岁月，在那些最黑暗的岁月里，他们看不到事业成功的任何希望。但是，他们毫不气馁，兢兢业业，刻苦努力，他们知道终究有那么一天将会柳暗花明，事业有成。

有一个王子，长得十分英俊，但他却有点驼背，他请了许多名医来医治自己的病，但都没有治好。这使得王子非常自卑，不愿意在大众面前露面。

国王见到这种情况非常着急，专程去请教一个智者，智者帮他出了一个主意。

回来后，国王请了全国最好的雕刻家，刻了一座王子的雕像。刻出的雕像没有驼背，后背挺得笔直，脸上充满了自信，让人一见觉得光彩照人。国王将此雕像竖立于王子的宫前。

当王子看到这座雕像时，他心中像被大锤撞击了一下，产生一种强烈的震撼，竟流下泪来，国王对他说："只要你愿意，你就是这个样子。"

以后王子时时注意着要挺直后背，几个月后，见到他的人都说："王子的驼背比以前好多了。"王子听到这些话，更有信心，以后更注意时时保持后背的挺直。

有一天，奇迹出现了，当王子站立时，他的后背是笔直的，与雕像一模一样。

你也像王子一样驼着自卑的背吗？给自己制定一个目标，告诉自己：我是自信的！那么你将会发现，你可以像那个王子一样自信。

这种充满希望和信心的心态将产生伟大的创造力量，无论其是否在枯燥无味的苦苦求索中煎熬，人们都可以充满自信锲而不舍地达到光明时刻，达到事业有成的顶峰。

信心是一种心灵感应，是一种思想上的先见之明，这种先见之明能看到我们的肉眼不能看到的景象。

信心是一位好导游，指导我们开启紧闭的大门，它将那些障碍背后的光明前景指给我们看，给我们指点迷津，而那些没有自信的人，没有这种精神能力的人是看不到这条光明大道的。

第七章

相悦定律：社交达人的心理学技巧

相悦定律：我喜欢你因为你喜欢我

　　乔·吉拉德的名字对很多人来说可能有点陌生，但他在销售界可是大名人，被称为世界上最了不起的卖车人。他也算得上是一个很成功的人士，他成功的秘诀就是让顾客喜欢他，为了得到顾客的喜爱，他会去做一些在别人看来是费力不讨好的事。例如，每个月，他的 1.3 万名顾客都会收到他寄来的问候卡片，乔的卡片上永远都只有这样一句话——"我喜欢你"，除此之外，别无他语，也别无他物。

　　要知道，这不是一个人两个人，而是在 1.3 万人的信箱里每月都准时地出现写有"我喜欢你"的贺卡。就是这样一种不可思议的方法帮助乔平均每天卖出 5 辆车，年收入超过 20 万美元，创造出连续 12 年销售第一的奇迹，被吉尼斯世界纪录称为"世界上最了不起的卖车人"。

　　也许看起来，"我喜欢你"只是一句很普通不过的话，一句让人听起来明知是推销手段缺乏个性的话，却难以置信地取得了如此卓越的成绩。事实证明，这是相悦定律在起作用——喜欢引起喜欢。

人际关系中所体现的互相吸引的相悦定律，就是指人与人在感情上的融洽和相互喜欢，可以强化人际间的相互吸引。更简单地说，就是喜欢对方就会引起对方喜欢，也就是情感上的相悦性。决定一个人是否喜欢另一个人的一个强有力的因素是，另一个人是否喜欢他，这也是非常重要的。

相悦定律是一个非常重要的定律，在人与人的交往中发挥着很大的作用。在我们的生活中，人们都很喜欢那些能够给自己带来愉快的人，假如说，对方可以给自己带来某些方面的愉悦感，就会有一种力量促使自己去接近对方。

在"我喜欢你"这简单的四个字中，我们可以看到，正是因为乔·吉拉德告诉他的客户们"我喜欢你"，才使得他的客户们也会喜欢他，也就更加愿意购买他的产品。我们别小看这么一句简单的话所起的作用，它能让对方知道你的想法，否则就算你是真心喜欢和感谢你的顾客，如果缺少了这么一张卡片，对方也不会知道。

在遥远的春秋时期，管仲——齐桓公最得力的宰相——不幸得了重病。齐桓公前来探视，看见管仲望着自己欲言又止的样子就诚恳地说："你现在病重了，应该好好休息，不必为国事操劳，如果有不放心的事，你就说出来。"管仲见齐桓公如此一说，便忧心忡忡道："好吧，既然主公愿听，我就说。"

管仲想了想说："主公打发了易牙、竖刁、常之巫、公子启方这几个人吧！""为什么？他们都对我很忠诚啊！

易牙愿煮自己的孩子给我吃；竖刁为留在我身边，愿自宫当太监；常之巫有测生死祸福的能力；公子启方侍奉我连父亲病故都未曾离去。这些人忠心耿耿，何须提防？"

"主公！请您仔细想想，就自然会明白，一个连自己骨肉都忍心杀的人难道不会杀主公吗？一个愿残损自己身子的人难道不会残害您吗？吉凶祸福，更不需要测，它只与做人的本质联系在一起。只要好好修炼自己的德行，必然会善始善终。所以，请主公三思而后行！"

齐桓公一直都非常信服管仲，等到管仲死后，他就按照管仲的遗言把易牙等人打发出宫。

易牙等人走后，齐桓公整日茶饭不思，寝食难安，熬了三年，还是找回了易牙等人。

到了第二年，齐桓公卧病不起，易牙等人便开始为非作歹，造出"齐桓公不在人世"的谣言，并且封锁了宫廷与外界的联系。齐桓公被软禁了起来，还吃不到东西。最后，齐桓公悲叹："管仲一言千金也。"

齐桓公的表现从心理学的角度来看，实际就是受人际间的相悦定律的影响。齐桓公也因为受这种影响而葬送了社稷江山。易牙、竖刁、常之巫、公子启方是图谋不轨的小人，可在齐桓公面前他们却都表现得忠心耿耿——这是一种喜欢齐桓公的方式。齐桓公也被这种忠心深深地感动了，内心自然就产生一种强烈的愉悦感，对这几个人也就特别喜欢。

其实在我们的日常生活中，人们的相互喜欢，主要体现在语言和态度上。 对于好话我们往往是难以拒绝的，对于逆耳之言则非常抗拒。 几乎所有人都喜欢真诚与温和的态度，不喜欢虚情假意和横眉立目，这是人类天性中的一个致命弱点。

　　科学家们曾做了一个实验，非常清楚地表明了我们在"好话"面前是多么难以自拔。 实验内容是：将受试者分为三个小组，让他们听另外一个人对他们的评论，而这些评论内容来自于想要得到他们帮助的人。 其中一些人只听到正面评论，另一些人只听到负面的评论，还有一些人好坏的评论都听到了一点。 结果，这个实验有三个有趣的发现：首先，那些只提供了正面评论的人最为人们所喜欢；其次，即使人们完全明白这个评论者有求于他们，他们仍然最喜欢那些称赞他们的人；另外，正面的评论不一定都符合被评论者的实际情况，不管一个人的奉承是否合乎事实，那些奉承者往往都同样会赢得被奉承者的好感。

　　其实从这一点看来，"表达自己的喜爱""好听的话"都能给他人带来极其愉悦的内心体验，从而引起对方的喜爱。 生活中处处都存在着相悦定律，我们也应该更加充分地运用好这个定律。

布朗定律：找到打开心锁的钥匙

　　有一个对上帝十分虔诚的修女独身一人来到印度，为了拯救受难的人们。她看到当地的人们因为贫困而衣衫褴褛甚至没有鞋子穿，于是她暗下决心，自己也不穿鞋子，她觉得大家都是一样的人，认为这样做可以更加贴近他们从而更好地帮助他们。在听说了她的事迹之后，来印度拜访她的戴安娜王妃还因为自己穿了一双洁白的高跟鞋而感到无地自容……

　　后来，混乱的中东再一次发生了战争，这位修女孤身一人来到战场上，当这位修女被发现的时候，作战的双方竟然不约而同地停止了攻击，眼睁睁地等着她把战区里面的妇女和儿童都救了出来……要知道，他们所信仰的并不是同一个上帝……

　　这位修女最终是在印度去世的，印度举国上下的人民都为此而悲痛，她伟大的灵魂将永远矗立在人类的天空。在她的灵柩经过的地方，没有人会站在楼上，因为没有任何人会想自己站得比她还高。在那高贵的灵魂面前，每一个人都不得不变得卑微，直到她去世的时候，她遗体的双脚依然是裸露的，她在向世人宣告：她是与那些贫苦的人们平起平坐的。这位伟大、高尚的修女就是特里莎，永远被人所铭记。

　　这个修女的故事不仅让我们知道了她的高尚，让我们知道灵魂的价值，同时也告诉了我们：找到心锁就是沟通的良好开端。 知道别人最想要的是什么，别人的意愿就会很轻易地在你的把握之中。 这也正是我们下面要说的布朗定律。

　　布朗定律的具体含义是指一旦找到了打开某人心锁的钥匙，那么就可以通过反复使用这把钥匙去打开他的某些心锁。 它是美国职业培训专家史蒂文·布朗第一个提出的，所以也就以他的名字命名。

　　比如说：现在有一把坚实的大锁挂在大门上，一根铁棒费了九牛二虎之力，就是无法将它打开。 钥匙来了，瘦小的身子钻进锁孔只是轻巧地转了一转，大锁就"啪"的一声打开了，铁棒好奇地问："为什么我费了那么大的力气也打不开，而你却这么轻松地就把它打开了呢？"钥匙说："因为我最了解它的心。"道理很简单，钥匙懂得打开锁的心思，因此就可以很容易地把锁打开了，而铁棒就算花费再多的工夫也是无济于事的，因为它没有找到打开锁的那把钥匙。

　　其实在很多时候，当我们与某些人沟通时，难免会因为发生了困难而导致失败。 即使我们很乐意沟通，可对方好像处于某种桎梏里，这样就会表现得跟任何人都格格不入，不仅他的情绪不好，思想孤僻，拒绝与外界交流，处于"绝缘"状态，任何信息的输入都受到了阻挠，而且他还视而不见、充耳不闻、呆若木鸡，任何人都无法访问他的心灵世界，不知他的真实想法是什么。

实际上，类似这种沟通上的障碍现象并不算是少见，当一个人遇到重大的不快事件或者受到强大的外界不良刺激时，如遭遇亲情、爱情、友情等情感上的失落，又比如在工作、事业上碰到各种各样的挫折等等，此时你就会觉得他和从前相比简直就是两个人，不仅表现反常，甚至有点奇怪。就算是这个人与你属于同一个类型、同一个层次的，曾经给过你不少好印象，而且与你沟通得非常融洽，可是现在仿佛一切都变得不一样了，他变得难说话、难沟通，让人难以理解了，那我们应该怎么办呢？

其实，对于这种看似困难的沟通，我们恰恰是不应轻言放弃、草率了事的。你与他之间的许多共同点就是你们沟通的前提和条件。这种沟通的暂时性障碍也是并不少见的，只要你坚持和努力，并且把握一定的技巧，慢慢地接近，走进他的心灵，找到开启他心锁的那把钥匙，很多问题都会迎刃而解。找到"钥匙"就能非常容易地打开一个人的心扉，但是，如果你找不到这把"钥匙"，沟通就会成为一个很严重的问题。在我们的生活中，是否能够找到打开别人心中的那把钥匙真的非常重要。

有这么一对夫妇，他们的 10 周年结婚纪念日很快就要到了。这时候，妻子有点怀疑自己的丈夫到底还记不记得这个特别的日子，因为在过去的那些年里，不管做妻子的怎么进行暗示，这个重要的日子还是会被她的丈夫忽略。等到他们的 10 周年结婚纪念日到来的这天，妻子完全没做任何暗示，他却突然记起来了，并且直奔贺卡店，他目不暇接地看着那些摆放在货架上的昂贵的花式贺卡。最终，一张色彩鲜艳的卡片深深地吸引住了他，他拿起来，看了看卡片上的几行字，说："太好了！我的她一定会非常喜欢的。"于是，他迅速从卡片架上拿起卡片，付了钱之后就满心欢喜地赶回了家，在回家的路上心里还在想：是啊，我终于记得我们的结婚纪念日了，这个结婚纪念日一定会是一个最特别，最不一样的日子。

回家之后，细心的他并没有直接把卡片给妻子，而是悄悄地溜进另一个房间，在卡片上签上自己的名字，然后在信封上把妻子的名字写好，还亲自贴上了一对小"红心"。因为他想给妻子一个惊喜。

在将这一切做完之后，他才满意地走出房间，递给妻子这份经过他精心准备的礼物——10 周年结婚纪念卡。拿到卡片的妻子眉开眼笑，开心而又幸福——丈夫终于记得他们的结婚纪念日了。于是她迫不及待地打开信封，开始阅读卡片里面的文字，看着看着，她的脸色却忽然暗淡下来，整个人都不一样了。

"怎么了？"丈夫问道。

"没什么。"妻子答道。

"到底怎么了？肯定出什么事了。"丈夫追问。

"没事，真的没什么。"妻子无精打采地说。

"什么没事，你逃不过我的眼睛，告诉我到底怎么回事。"丈夫着急了。

"嗯……其实也不算太坏……这是一张生日卡片。"妻子显得有些落寞。

在这个时候，谈话的气氛骤然变得僵硬，就好像从快乐的山顶一下子坠入冰冷的谷底。

"你在开玩笑吧，怎么可能呢?"丈夫一下从妻子手中抢过这张昂贵的卡片说道。

"不，怎么会这样? 简直不敢相信!"丈夫甚至都不敢相信自己的眼睛——这正是一张生日卡片。

"不! 让人难以置信的是你!"妻子声嘶力竭地咆哮道。

看着情绪异常激动，几乎失控的妻子，丈夫完全不知道该说些什么才好。"哦，亲爱的，我犯了一个善意的错误。请原谅我，你可以让我一个人静静，给我一点时间让我想想，可以吗?"他恳求着妻子，语气里带有几分尴尬。

"原谅你? 一个善意的错误哦，你可真会说话，是的，难道这只是一个善意的错误? 你知道吗? 就是这个所谓善意的错误证明了你根本就不在乎我，对你来说我到底是个什么? 你根本不在乎我们这个特别的日子。我还不知道你，你去修理厂检查你的爱车，哪怕他们在你的爱车最不起眼的地方划了一道不到一英寸的划痕，你都能敏锐地发现。为什么? 不是因为你聪明，你是个大笨蛋，那是因为你在乎你的车，你爱你的车！而你对我们的结婚纪念日呢？你一点都不在乎，你根本就不在乎我！你跟你的车结婚去吧！"妻子激动地说道。

"嗨，我只是犯了一个错误而已，再说，我真的不是故意的，你还真不依不饶了。真是无理取闹！"

"什么？你说什么，在我们10周年结婚纪念日这天你买了一张生日卡给我，然后还理所当然地认为我不应该生气？要是那样的话，我情愿你什么都不要买！"

"你说什么？从你说话的语气看，好像是说我很乐意看到你在结婚纪念日这天拿到的是生日卡，你还说我是笨蛋，是吗？"丈夫说完，火冒三丈，砰的一声关上门，气冲冲地冲出了房间。本来是好好的事情，却以悲剧收场，不得不说，这是我们日常生活中屡见不鲜的事情。人们简直都快习惯这种事了。

那么，怎样避免上述的不快，与人进行一次愉快的沟通，找到打开对方心门的钥匙，有什么方面需要注意呢？

首先，能够做到求同存异，真诚宽容。其次，以尊重为本，尊重，应该是礼仪之本，也是待人接物之道的根基所在。要想让人尊重你，得先尊重别人，即使对方看上去是在对你发脾气，也不要对他进行还击。退一步海阔天空。

最后，要做一个善于表达的人，也就是说你要把你对对方的尊重恰到好处地表现出来。你不表现出来，对方怎么会知道你尊重他呢？当然，只有你说出来别人才知道，没有人那么喜欢猜测你的心思。

倾听定律：沟通一定是双向的

林克莱特是美国的一位知名主持人，在美国可谓是家喻户晓，有一次，他访问一名小朋友，问他："你长大后想要当什么呀？"

"我要当飞机驾驶员！"小朋友十分天真而又可爱地回答道。林克莱特于是又问他："那么假如有一天，你的飞机飞到太平洋上空，但是在这个时候，所有的引擎都熄火了，你应该怎么办呢？"小朋友愣了一下，仔细想了想说："首先，我会告诉坐在飞机上的所有人绑好安全带，不要动，然后，然后我就挂上我的降落伞先跳出去！"

听到这个小朋友童真的回答后，现场的观众实在忍不住，笑得东倒西歪，而林克莱特却继续注视着这个孩子，想看看他到底是不是自作聪明的家伙。但是出乎大家意料的是，那个孩子的两行热泪夺眶而出，林克莱特这时候才发觉这孩子的悲悯之情根本无法形容。于是，敏锐的林克莱特就接着问他:"为什么要这么做?"

"我要去拿燃料,我还要回来!我还要回来!"孩子声嘶力竭地回答道,他的回答可以说是把一个孩子真挚的想法真正地体现出来。

倾听定律在人际关系中是至关重要的,具体是指在与人交往时,用心地听别人讲话会获得别人的好感,会换来对方的理解、信任和快乐,让倾诉者充分感觉到自身存在的价值,满足了对方渴望被重视的自尊心理,从而达到双方都很愉快的目的。

通过上面这个简单但是感人的故事,你是不是常常中途打断对方的演讲? 你认为自己真的明白了倾听的艺术吗?是不是又自以为是地进行反驳呢? 我们不免要陷入再三的思考当中。

所谓沟通,那肯定是双向的。 我们在人际交往中,当然没法一味地向别人灌输自己的思想,我们还应该学会倾听,别人也需要你做他们的听众。 倾听是一种艺术,更是一种技巧,是可以通过训练获得的。 倾听需要专心,每个人都可以通过耐心和练习来发展这项非常重要的能力。 倾听是了解别人的最重要的途径之一,为了建立良好的沟通渠道,我们必须懂得倾听的道理。 一个善于倾听的人才更容易在人际交往中得到别人的认可和欣赏。 倾听是一种最有回报率的尊重。

威廉·迪格勒的身份是美国的口香糖大王,在美国可谓是家喻户晓,他年轻时是一名推销员。有一次,迪格勒到一家超市推销肥皂，在他自说自话了一大堆广告词以后，他只知道超市老板不仅对他的产品感到十分厌恶，而且对他所属的公司也产生了反感。他明白这笔生意可能要泡汤了。

这位超市老板性格暴躁，不禁对他破口大骂："你和你的公司全给我滚蛋吧！"这时迪格勒一面埋头收拾自己的东西，一面心平气和地对这位老板说："我现在已经明白了，我要把这些产品推销给你是不可能的了。我是一个新手，既然您觉得我把我的产品卖得这么糟糕，那么就请您给我一些意见吧。您看，您是一位老板，肯定是成功人士，有很多成功的经验，如果能得到您的意见，我觉得我肯定会有很大的收获，我该怎么做才合适，才会把这些产品销售出去。"

超市老板看到他诚恳的态度，也觉得这孩子不容易，就开始滔滔不绝地对他说："你应该说……而不是……"老板自己用自己的话把这堆肥皂的优点说了一大串，然后推销员一句话没说，这位老板自己说服了自己，最终他接受了迪格勒的肥皂。

如果迪格勒先生在超市推销肥皂时仍然不依不饶地用原来的方式纠缠这位老板，也许老板会派人把这个死心眼的笨蛋扔到大街上，或者可以直接报警。但是聪明的迪格勒请求老板说出了他的想法，即使这些想法是批评自己的。

倾听，可以给人一个非常好的印象，让人觉得这是一个谦虚好学的人，是专心稳重、诚实可靠的人。认真听，能减少不成熟的评论，这样可以避免很多不必要的误解。在我们的日常生活中，我们更要学会做一个善于倾听的人。

在事业上取得成功的杰出人士都有一个共同的特点，那就是他们无一例外地非常善于倾听他人的意见，这是为什么呢？原因也很简单，因为他们懂得倾听的重要意义和作用。一方面，别人的意见非常重要，另一方面，即使不重要，那么善于倾听也会给对方留下一个好印象。

在著名的纽约电话公司里，曾经发生过一件相当棘手的事情：有一名顾客不但痛骂公司的接线生，野蛮地拒绝缴纳电话基本费，甚至还列举出多项罪名，公开指控纽约电话公司。在美国，个人顾客的利益才是最重要的，不会发生店大欺客的现象，更不会出现那种一有问题就推来推去的奇怪现象。

后来，重视声誉的公司派出一位说客专程登门拜访这位脾气暴躁的客户。问题终于得到了顺利地解决。这位说客取得成功的原因很简单，就是在拜访这位先生的时候，专注地听对方将满腹牢骚倾诉出来，并一再地点头称是。客户得到了理解和宣泄，那么一切就都很容易解决了。

其实，在当今社会频繁的商务活动当中，如果你能耐心地倾听对方的叙说，就等于你间接地告诉对方"你讲的事情很有价值""你是我值得结交的朋友""我们有很多共同点""和你在一起真快乐""我们是可以一起干点事的""我很乐意听你讲的话"等等善意的信息。这样做可以使对方的自尊心获得极大的满足，这样下去，逐渐地两个人的心灵也会更加靠拢，这也就为友情的建立和发展打下了坚实的基础。 有了友情，那么做什么就都方便了。 我们总是认为能说会道的人善于交际，其实善于倾听的人才是真正会交际的人，才是人际交往中的高手。 在生活中，你不妨做一个善于倾听的人，这样一来，不仅能够达到你的目的，同时又给人们留下了较好的印象。

一家中外合资企业的经理到一所大学去招聘职员，整个学校几乎轰动了，但是他却非常冷静，对20多名大学生进行了反复核查，再从这些人中挑选出三名大学生进行最后面试。 其中有两名大学生在经理面前夸夸其谈，炫耀自己的能力如何高、如何强，而且还提出了一大堆建议和设想。 但是另外一名大学生则与他们相反，在面试时，一直耐心倾听经理的见解和要求，很少插嘴，温文尔雅，只有当经理询问他时，他才回答，而且很简练，在面试结束时，他才委婉地说道："我很重视您的要求，也很赞同您的见解。 如果我能被录用的话，还望您今后多多指导。"三天后，这位善于倾听的大学生理所当然地接到了录用通知，而那两位夸夸其谈者则被淘汰了。 很显然，有的时候，适当的做个倾听者也不是件坏事情。

其实，"说"属于知识能力范畴，说明你的个人语言能力的高低，而"听"才是聪明智者所特有的能力。 倾听是信任的润滑剂。 始终挑剔的人，甚至最激烈的批评者，也都经常会在一个有耐心和同情心的倾听者面前软化降服，这也正是所谓的"以柔克刚"。 所以，如果你希望成为一个善于谈话的人，那就先做一个懂得倾听的人吧。

"会说的不如会听的。"这是一句很有道理的俗语，一位著名的推销专家科库琳给某公司 100 多位业务员作辅导报告。结束后，她诚恳地对公司的董事长说："我能够从这些员工中把你公司的精英人士指出来，你相信吗？"随后，科库琳请出了两位先生和一位小姐。这简直就像是魔术。

的确，他们三人是公司里业绩最出色的高级骨干。对此，董事长感到非常不可思议。对于不知内情的人，也确实很神奇，科库琳解释说："道理很简单，所有客户的反应和我是一样的，只要你在认真仔细地聆听，你就赢得了我个人这方面的好感，于是也就会为销售业务的成功打好了坚实的基础。"可见，听是交流的另一半。注意倾听和善于倾听的人，永远都是深得人心的人。并不是说每一个人都是会倾听的，倾听并不是说你坐在那里听别人讲话那么简单，其实倾听和会倾听也是两个不同的概念，因此在倾听的时候也有很多地方是需要注意的。

首先，你要真心愿意听，并集中自己的注意力去听。如果你没有时间或者是由于别的原因而不想倾听某人谈话时，最好能客气地表达出来，不要让对方去猜，比如说："对不起，我很想听你说，但我今天还有两件事必须完成。"如果你不是真心愿意听而又勉强去听或是装着倾听，那么你必然会不自觉地精神溜号，比如一边听，一边翻书或做别的、想别的。不要心存侥幸，你的每一个举动都逃不出说话人的眼睛，说话人会对你的态度产生很大的不满。

其次就是要有足够的耐心。你要等待或鼓励说话者把话说完，直到听懂全部意思。有些人的语言表达可能会有些零散或混乱，理解起来确实有难度，但只要你有足够的耐心，任何人都可以把自己的事情说清楚。 而且即使听到你不能接受的某种观点，甚至是严重伤害你感情的某些话语，你也应该耐心把话听完。 你不一定要同意对方的观点，但可以表示你对此的理解。 一定要有耐心甚至要想办法让人把话说完，否则你就无法达到倾听的目的。

最后，也是非常重要的一点，就是要适时地进行鼓励和表示理解。 一般来说，倾听都是以安静、认真地听为主，眼睛要看着说话人的眼睛，充分运用自己的身体辅助语言，透露出暗示的信息。 适时用简短的语言如"对""是的"等，辅以点头微笑之类的动作进行适时的鼓励，表示你的理解或共鸣，会让人感觉非常美妙。

互补定律：双方互补才能使双方受益

在我国，基本上没有一个人敢说自己没去过寺庙，而到过寺庙的人，都会对满面笑容的弥勒佛印象深刻，还有一位就是在他的背面，黑口黑脸的韦驮，这两个形象形成非常鲜明的对比。

据民间传说，弥勒佛和韦驮原本是分别掌管不同寺庙的，因为他们俩性格不合，所以他俩也就不在一起。弥勒佛因为非常热情快乐，所以由他来掌管的寺庙进香的人就特别多，人们都喜欢看他乐呵呵的样子，可是他也有一个毛病，那就是好像什么都不在乎，整天乐呵呵的，所以他从来都没有认真地去管理过账务，因此他的寺庙一直保持财政赤字。而韦驮所掌管的寺庙情况也和弥勒一样很糟糕，但是原因却截然相反，善于管账是韦驮最大的优点，他能有条不紊地把每一天的收入和支出记录得清清楚楚。但是他的毛病是成天沉着脸没有一丝笑容，显得太过认真了，就好像来的香客都欠他钱似的，结果来这里的人越来越少，最后香火也就慢慢地断绝了。

有一次，在巡查香火的时候，大智慧的佛祖发现了这个问题，心里就想：我的用人策略看来是存在着问题啊，为了以后不再对他们进行拨款，看来我也得改变一下用人的策略了。于是，佛祖就非常认真细致地分析了弥勒佛和韦驮的优缺点，经过再三地思量，他将这两位性格截然相反的菩萨安排在同一座寺庙里。负责公关的是笑眯眯的弥勒佛，笑迎八方客，香火又开始兴旺了。同时佛祖让锱铢必较、十分较真儿又铁面无私的韦驮负责财务，严格把关。这样配合之下，两个人的优点也就都得到了充分的发挥，缺点又可以互相弥补，于是，寺庙里逐渐呈现出长盛不衰的繁荣景象。佛祖正是看好了两个人的优缺点，再根据两个人的优缺点来进行合理的搭配，这样就达到了事先想要的结果。这是一种策略上的智慧。

互补定律在我们的生活和工作中都具有战略性的意义，指双方在需要、气质、性格、能力、特长等方面存在差异，但当双方的需要和满足途径恰好成为互补关系时，那么就可以在活动中相互吸引。这其实是表明人不仅有获得认同的需要，也有通过对方获得自己所欠缺的东西的需要。

感情的相互吸引，主要取决于每一个人的个性。个性是你跟外界互动的方式，两性的相吸有无数种可能，我们可能喜欢某个跟自己相似的人，但通常与自己截然不同的人才是真正最具吸引力的人。例如，直率大胆的人，也许喜欢害羞内向的人；稳健有序的人，也许喜欢热情外向的人；随和的人，反而喜欢严肃刚直的人；主观的人，也许喜欢柔顺温和的人。这在人类世界是一个非常有趣的现象。

如果从理性上来分析，容易相处的肯定都是性格、志趣比较相投的人。但是在现实生活中，结为密友或夫妻的也有不少是性格、志趣不同的人，让人觉得有些奇怪，其实这就是互补因素在起作用。

所谓的"互补"在生活中又可以分为两大类：一是需要的互补，二是作风和性格上的互补。它们都是非常重要的。

首先是人们需要的互补。个人的具体需要或优先需要在不同的特定条件下是不尽相同的，所以在某些条件下，可以互补。比如说，如果有一个人打算筹办一个小企业，那么一般情况下他都会选择那些具有自己所缺乏的才干和能力的人合作。如果自己是一个善于经销的人，那么他就会选择精通财会的人合作。因为在这种情况下，两者之间正好可以取长补短，各得其所，对事业的发展比较有利。自己也会非常开心，不仅可以做自己喜欢的事，也把不喜欢的事让更擅长的人来做。

然后就是作风和性格上的互补。比如说，有一个控制欲较强的人和另外一个依赖性较强的人合作，就是典型的作风和性格上的互补。另外，支配型与顺从型、压抑型与对抗型、阳刚型与阴柔型、关怀型与依赖型、给予支持型与愿意合作型、倔强型与柔顺型、急躁型与耐心型、自信自强型与优柔寡断型、外向型与内向型、急性子与慢性子等，这些不同类型作风和性格的人，都是可以互补并建立起一个相对融洽的人际关系的。 但是我们所说的作风和性格上的互补是以他们的价值观一致作为前提条件的。 而如果是两个脾气都很火爆的人凑在一起，后果也就可想而知了。

不管怎样，只有发挥各自的优势，双方互补，才能让双方都受益，不然，只能使双方受损，不能够达到互利、共赢。

再来讲一个故事。

从前，有这么两个人，他们衣衫褴褛，瘦骨嶙峋，很久都没吃过食物了。看到这一幕的上帝不忍心他们就此终结生命，于是就给了他们一根鱼竿和一篓鲜活硕大的鱼来让他们维持生命。看着眼前的两样东西，可能是他们饿得太久了，反应最快的那个人马上就奔向了那篓鲜活硕大的鱼，然后带着鱼逃也似的离开了。而另一个人只好拿起鱼竿，然后他鼓足勇气，让自己对未来的生活充满了希望。

那个选择一篓鱼的人，很快地找了一个僻静的地方筑起了灶台，然后就地收集柴火，开始生火煮鱼，过了不久，空气中就弥漫起了鱼的香味。鲜美的鱼正是他迫切需要来填饱肚子的食物，还能延续他的生命。鱼的鲜香还没品尝出来呢，他就把鱼给吃光了。这样一来，他的饥饿感反而更加强烈了，所以，很快他又煮了另一条鱼，继续填塞他那饥肠辘辘的肚子。他就这样一条一条地吃着。鱼终归只有那么几条，慢慢地，鱼篓里的鱼被他吃完了。最后，瘦骨嶙峋的他被人发现饿死在空空的鱼篓旁，令人唏嘘。而拿走鱼竿的人，这时候依然忍受着饥饿，一步步向海边走去。他每前进一段路程，所剩不多的力量就减少一部分。终于，在他看到蔚蓝色大海的同时，他的生命也所剩无几。此时此刻，他那些美好愿望都已远去。最后，他也只能带着无尽的遗憾，离开了人间。过了不久，同样又有两个饥饿的人得到上帝的垂怜：也是两个选择，一根鱼竿和一篓鱼。可是他们没有选择各奔东西，而是很理智地在一起商量共同生活下去的办法。他们很快就得出了一个满意的结论，去找寻大海，而且他们还约定在路上每餐只能煮一条鱼共食。这才是让上帝满意的答案，就这样，经过漫长的跋涉后，他们终于顺利抵达了海边，在那里，有丰富的鱼供他们捕捞和食用。

即使到达海边之后，两个人还是没有分开，而是依然相互帮助，过上了以捕鱼为生的生活。过了几年后，他们又在海边盖起了房子，有了各自的家庭、子女，而且还拥有了自己的渔船，过上了幸福美满的生活，两人也成了无话不说的朋友。

这个故事不免让我们深思。都是穷人，都是两个一样的穷人，为什么却是两种不一样的结局呢？道理很简单，后来的两个穷人想到的是两个人的互补，如果没有鱼，他们根本没办法支撑到海边，如果不是有鱼竿，两个人可能早就饿死在街头。不仅在我们的生活中会经常用到互补定律，在企业管理中也会经常用到这个定律。

　　互补定律的实施，首先是有一个前提存在，那就是我们每个人都是不一样的，每个人都有自己的性格、脾气和心理特征，又都有自己的爱好和特长，还有自己的经历和经验。那么，我们到底要怎样做才能使每个人和睦相处，同舟共济并且不发生内耗呢？其实这里用互补原则去协调就是一个相当不错的办法，也就是说用一些人的长处去弥补另一些人的短处。而互补原则的用处不仅于此，还可以体现在用人的多个方面，比如"年龄互补""个性互补""专业互补""知识互补"等，长短相配，以长济短，这样就可以形成多种具有互补效应的人才结构，这样才能调动人们的积极性和创造性，也可以为公司创造最大的收益，达到共赢的目的。把每一个人的能力最大化，公司的成功也就水到渠成了。

　　心理学家曾有过一个著名的推测，在我们的日常生活中，人具有渴求互补的心理，这也可以解释为什么许多漂亮的女孩终会与一个才华横溢而相貌平平的男子结合的心理动因。看起来奇怪，说起来简单，对自己缺乏的东西，人们通常有种饥渴心理，但是对自己已经拥有的东西反而一点也不重视，往往觉得别人拥有的才是最好的。因此，假如你是一个主管，把握好员工的这种心理，然后再根据每一个人的特长来安排任务，让他们形成互补优势就是你最重要的工作了，也会有最好的结果。对每一个人都有好处，因为这样做不但可以提高团队的工作效率，而且也可以迎合他们的心理，让他们的心理得到满足，产生的效果肯定也是让人满意的。

第八章

糖果效应：控制自己，战胜诱惑

糖果效应：人生就是与诱惑作战的过程

一个愚蠢的猎人捕捉到了一只鸟，这只鸟会说70种语言。

鸟说："你要是把我放了，我就免费赠给你三条人生忠告。"

猎人说："你先把忠告告诉我，我就向天发誓放了你。"

鸟说："那好，你不要食言。第一条忠告是，当你把一件事情做完后，那就不要后悔当初的决定；第二条是，要是有人告诉你一件事，当你本人认为那是根本不可能的时候就不要相信，自己的直觉最重要；第三条就是当你想往上爬的时候，别太费力气。"猎人听完之后就把鸟放了。

你猜下面的故事怎么了？

那只鸟被放后，飞到一棵大树上，大声对猎人说："你也不动脑子想想，竟然放了我，我的嘴里还有一颗价值不菲的珍珠呢!"

　　猎人听了十分恼怒,很想再次把鸟捉回来,就开始向树上爬,由于树支撑不住他,没爬多高,他便摔了下来,腿也摔断了。

　　这时候,那只鸟对他说:"我给你说的那三句话,难道你全部忘记了吗?我可告诉过你啊,做了事千万不要后悔,但你后悔放了我;我告诉过你如果有人告诉你的事情,你要是认为不可能就不要相信,那你为什么还相信我有珍珠呢?那是不可能的。我告诉过你,你要是往上爬的时候感觉爬不上去就不要再爬了,结果呢,你摔断了双腿。"说完,鸟就展翅飞走了。

　　猎人经不住诱惑,使自己受到一连串的伤害。我们的生活中,这种现象很常见,在诱惑华丽的外表下,那些所谓的美好只是假象,要想得到真正美好的人生,还得脚踏实地,而不能总想着不劳而获或者想在人生的道路上偷懒。往往能不能抵制住诱惑就在于人的一念之间,而这一念的差别需要极大的勇气和极坚定的意志,如果能在关键时刻做出正确的选择,就意味着你已经拥有了一个充实的人生。

　　著名教育家陶行知在当校长的时候,有一天,他看到一个男孩儿用一块石头砸同学便立刻上前制止,并要这个男孩儿过一会儿去他的办公室。当这位校长回到办公室时,那个男孩已经在那里等候了。

　　校长掏出一块糖果给男孩儿,说:"这块糖是奖给你的，因为你比我按时到了。"还没等男孩从惊异中反应过来，校长又掏出一块糖说，"这块也是奖给你的，我不让你打同学，你立即住了手，说明你很尊重老师。"男孩儿正想开口，校长再次掏出一块糖说，"据我了解，你打同学是因为他欺负其他同学，你打抱不平，说明你很有正义感，所以这一块也给你。"男生感动得流下了悔过的泪，说："校长，我错了，同学再不对，我也不该这样去制止他。"校长面带微笑，拿出了第四块糖果，说："应该再奖你一块糖，因为你认识到了自己的错误。"

糖果效应中，与诱惑作战的过程在我们的日常生活中都有体现，例如：你可以利用糖果效应让自己放弃眼前的小利益，通过自己的努力和坚持取得更大的成功；在教育自己的孩子时，要让孩子学会抵制诱惑；在孩子有一点进步时，要及时给予他奖励，让他及时体会到成功的喜悦，从而取得更大的进步。

成功就在你即将放弃的那一刻。 现代社会存在太多的诱惑，它们总是展示迷人的一面，引诱我们渐渐远离自己的理想与目标。 每个人都会面对种种诱惑，学生做作业时，会受到游戏的诱惑；小孩子即使生了蛀牙，也经不住糖果的诱惑；减肥者会受到食物的诱惑。

我们在生活中要善于抵制诱惑，不被眼前的小利益迷惑，不做诱惑的俘虏，争取获得更大的成功。

再美的诱惑，都只是片刻的欢娱，如若陶醉必将跌入无底的深渊。 人生路上，罂粟花不时盛开，只有抵制诱惑，挥剑斩浮云，踏步向前，才能使生命之花绽放得愈加美丽。

抑制诱惑，踏步向前，需要一种坚守，需要一种淡泊。名利、权势便如一朵朵盛开的罂粟花，诱惑着人们停止前进的步伐。犹曾记得那个风尘仆仆、奔走天下的老人，带领着七十二贤人，三千子弟于世间播撒博爱的种子。处于硝烟弥漫的乱世，各国国君向他伸出一枝又一枝美丽的罂粟花，然而他眸中那坚定的目光将朵朵鲜花在一瞬间化为虚无。所谓名利、权势又能如何？只不过过眼云烟尔。挥一挥衣袖，他继续描绘着他心中的那一幅蓝图，时间定格在罂粟花毁灭的那一刹那，延续渲染成一幅儒行天下的图景。如若不是心中的坚守，孔子如何能使儒家思想成为中华五千年来的正统思想并影响着整个世界呢？

抑制诱惑，踏步向前，需要一种自信、一种勇气。在那个人人都高喊着"希特勒万岁"的时代，一个女子背着包，手放在身后，目不斜视。后来她独自一人漂洋过海，来到美国这个崇尚名流的国家。制片商折服于她的美貌和气质，要求她改名为"林特堡"，与美国一名飞行家同名，并笃信若她改名一定会大红大紫，然而她拒绝了，锐利而自信的目光令罂粟花都不敢绽放，她说："不用改名，我照样可以出名。"她便是后来红遍全美、三次获得"奥斯卡金像奖"的"电影皇后"英格利·褒曼。如若不是内心的自信与勇气，如何能在触手可及的成功诱惑之前，保持内心的坚定呢？因为如此，她那自信而坚定的目光在那一瞬定格成永恒。

抑制诱惑，踏步向前，需要一种无私、一种清正。当今社会，腐败案件层出不穷，每一件都令人痛心扼腕，无数官员在财富的罂粟花前堕入无尽的深渊。 然而，犹记得，那个小小的村官，一任二十年。 在安徽的那个偏远小山村，他默默地奉献着，竟使那个小山村一跃成为"全国十大名村"——小岗村。 然而，他拒绝了多次升迁，在村民的真诚挽留下一次又一次地留下来。 最终，将他的生命奉献给了整个村子，他叫沈浩。 如若不是内心的无私与清正，他怎能将生命演绎得如此完美？

抵制诱惑，踏步向前，以吾之心缩放生命之花。

幸福递减律：知足方可常乐

　　人们一直以来都认为发展经济是为了给人类创造更多的幸福。 无奈事实却出现了与人们的愿望完全相反的情况：无论是在国内还是国外，都有生活越富裕却越不幸福的现象。这就是随着经济的发展而出现的"幸福递减律"，也就是西方经济学中所称之为的"边际效益递减规律"引。 也既：人从获得一单位物品中所得的追加的满足，会随着所获得的物品增多而减少。

　　通俗点说，"幸福递减律"就是指人们对同一事物幸福的感觉，会随着物质条件的改善而降低。 譬如：你在沙漠行走，口渴难耐，有一杯水你会激动万分；而当你步入绿洲，对一杯水的幸福感觉就会几近于零。 朱元璋当放牛娃时，饿得昏迷不醒，一碗白菜豆腐汤令他如临仙境；当皇帝后，他遍尝天下厨师做当年的"珍珠翡翠白玉汤"，却总觉得了无滋味。

　　如何避免这种幸福递减的感觉呢？ 关键就在于要懂得

知足。

俗话说："事能知足心常乐，人到无求品自高。"知足者身贫而心富，知足的人才是世界上最富有的人、最快乐的人。

人生不如意事常八九，而欲望则无限。世人，总会有欲望无法满足，总有烦恼羁绊左右。人生是一条遍布荆棘的路，有无尽的坎坷与挫折，试问谁能不苦呢？

那么说，人为什么会痛苦？是因为人有"求"，就是有欲望、有需要，推而广之，褒义一点的，就是说人有理想，有着他迫切想实现的梦……而"无求"是一种豁达、释怀、坦然面对得失的人生境界，以无求而求，求而无求。然而，人毕竟是人，即使是圣贤，又有谁能真正达到超然脱俗的境界？无求是一种心态，是有所求、有所不求；努力而求，又绝不强求。最重要的是无论求的结果如何，必须拥有一颗释然之心，做到得失皆乐。

世间的人，为了求名、利、财、色，种种的娱乐享受，往往会因为得到满足而欣喜若狂、无法如意而垂头丧气，有时甚至为了芝麻小事，争得面红耳赤。更有甚者，导致身败名裂，失去江山，种种的烦恼、祸患随之而来。因此古人说：罪莫大于多欲，祸莫大于不知足。知足的人即使贫贱也很快乐，不知足的人就是富贵也很忧愁。古贤曾教导我们要以"少欲知足为乐，以不贪求为德"，安贫乐道，无所希求，要乐于淡泊劳苦，就能远离贪欲奢侈。

"事能知足心常惬"，就是说人不要有太大的野心，不要让自己背负太重的心理负担，不要让自己活得太累。还有就是不要老是把自己和比自己优越的人比，不要自卑，要乐观开朗。 现今一些人，对待名利，就像猛兽看到了快到嘴边的乳猪，害怕咬晚了被他人叼走，拼死奋力地抢夺。 有的沽名钓誉，弄虚作假；有的跑官、买官，不择手段；有的见钱眼开，唯利是图；有的追求享乐，腐化堕落。 这其实都是在折磨自己，让自己离快乐越来越远。

在自己的梦里，对幸福的执迷是每个凡夫俗子难以逃离的魔障，都无法幸免。 跳得越高，自然摔得越重，咀嚼回忆时，你就会意识到这一点。 错过了太阳，还有群星，至少你还能够独享那回忆中寂寞的香气。

我们越来越爱回忆了，是不是因为不敢期待未来呢？ 但要记住：来时来，去时去，终须有，莫强求。

很多的烦恼都源于自己舍不得放下，很多的痛楚都源于自己不懂得舍弃。 知足则幸福长存。 人生最重要的一个字——释，释而博，博乃容，容苦，亦容乐。 敞开胸怀，放开一切，也就容纳了一切。

一个人有名誉感就有了进取的动力；有名誉感的人同时也有羞耻感，不想玷污自己的名声。 但是，什么事都应有度，不能过于追求。 如果过分追求，一时又不能获取，求名心太切，有时就容易产生邪念，走歪道。 结果名誉没求来，反倒臭名远扬，遗臭万年。 君子求善名，走善道，行善事；小人求虚名，弃君子之道，做小人勾当。

有这么一则故事：

刘希夷是唐朝诗人宋之问的外甥，很有才华，是一位年轻有为的诗人。一日，刘希夷写了一首诗《代白头吟》，到宋之问家中请舅舅指点。当刘希夷诵到"古人无复洛阳东，今人还对落花风。年年岁岁花相似，岁岁年年人不同"时，宋之问情不自禁连连称好，大赞其才华的同时忙问此诗可曾给他人看过，刘希夷告诉他刚刚写完，还不曾与人看。宋之问遂道："你这诗中'年年岁岁花相似，岁岁年年人不同'二句，着实令人喜爱，若他人不曾看过，让与我吧。"刘希夷言道："此二句乃我诗中之眼，若去之，全诗无味，万万不可。"晚上，宋之问睡不着觉，翻来覆去只是念这两句诗。心想，此诗一面世，便是千古绝唱，名扬天下，一定要想法据为己有。于是全然不顾亲情起了歹意，命手下人将刘希夷活活害死。后来，宋之问获罪，先被流放到钦州，又被皇上勒令自杀。天下文人闻之无不称快！刘禹锡说："宋之问该死，这是天之报应。"

谁也不想默默无闻地活一辈子，所谓人各有志，就是这个意思。 自古以来，胸怀大志者多把求名、求官、求利当作终生奋斗的三大目标。 三者能得其一，对一般人来说已经终生无憾；若能尽遂人愿，更是幸运之至。 然而，从辩证法角度看，有取必有舍，有进必有退，就是说有一得必有一失，任何获取都需要付出代价。 问题在于，付出得值不值得。为了公众事业、民族和国家的利益，为了家庭的和睦，为了自我人格的完善，付出多少都值得，否则，付出越多越可悲。 我们所说的忍名让利，正是从这个意义上提出的人生命题。 在求取功名利禄的过程中，我们要少一点贪欲、多一点忍劲，莫被名利遮望眼。

古今中外，为求虚名不择手段，最终身败名裂的例子很多，确实发人深思。 有的人已小有名气，还想声名大振，于是邪念膨胀，连原有的名气也遭人怀疑，更是可悲。

在中世纪的意大利，有一个叫塔尔达利亚的数学家，在国内的数学擂台赛上享有"不可战胜者"的盛誉，他经过自己的苦心钻研，找到了三次方程式的新解法。这时，有个叫卡尔丹诺的找到了他，声称自己有千万项发明，只有三次方程式对他是不解之谜，并为此而痛苦不堪。善良的塔尔达利亚被哄骗了，把自己的新发现毫无保留地告诉了他。谁知，几天后，卡尔丹诺以自己的名义发表了一篇论文，阐述了三次方程式的新解法，将成果据为己有。他的做法在相当一个时期里欺瞒了人们，但真相终究还是大白于天下了。现在，卡尔丹诺的名字在数学史上已经成了科学骗子的代名词。

宋之问、卡尔丹诺等也并非无能之辈，在他们各自的领域里也已经是很有建树的人。 就宋之问来说，即使不夺刘希夷之诗，也已然名扬天下。 可是，人心不足，欲无止境! 俗话说，钱迷心窍，岂不知名也能迷住心窍。 一旦被迷，就会使原来还有一些才华的"聪明人"变得糊里糊涂，使原来还很清高的文化人变得既不"清"也不"高"，做起连老百姓都不齿的肮脏事情，以致弄巧成拙，美名变成恶名。

求名固然没有过错，关键是不要死死盯住不放，盯花了眼。那样，必然要走上沽名钓誉、欺世盗名之路。

著名的京剧演员关肃霜就是一个这样的人。有一天她在报纸上看到一篇题为《关肃霜等九名演员义务赡养失子老人》的报道，同时收到了报社寄来的湖北省委顾问李尔重写的《赞关肃霜等九同志义行之歌》的诗稿校样。这使她深感不安。原来，京剧演员于春海去世后，母亲和继父生活无依无靠，剧团的团支部书记何美珍提议大家捐款义务赡养老人，这一举动持续了23年。关肃霜开始并不知晓，是后来知道并参加的。但报道却把她说成了倡导者，这就违背了事实。关肃霜看到报道后，立即委托组织给报社复信，请求公开澄清事实。李尔重也尊重关肃霜的意见，将诗题改成"赞云南省京剧院施沛、何美珍等二十六同志"。

第二次世界大战期间，美军与日军在依洛吉岛展开了激战，美军最后将日军打败，把胜利的旗帜插在了岛上的主峰。心情激动的陆战队员们，在欢呼声中把那面胜利的旗帜撕成碎片分给大家，以做终生纪念。这是一个十分有意义的场面，后赶来的记者打算把它拍下来，就找来六名战士重新演出这一幕。其中有一个战士叫海斯，是一个在战斗中表现极为普通的人，可是由于这张照片的作用，他成了英雄，在国内得到一个又一个的荣誉，他的形象也开始印在邮票、香皂等上面，家乡也为他塑了雕像。这时他的内心是极为矛盾的：一方面陶醉在赞扬中，另一方面又怕真相被揭露；同时，由于自己名不副实，又总是处在一种内疚、自愧之中。在这样的心理状态的困扰下，他每天只好用酒精来麻醉自己。终于，在一天夜里，他穿好军装，悄悄地离开了对他充满赞歌的人世，摆脱了自己的烦恼。

同样得到了飞来之美名，关肃霜和海斯的态度不同，结局也各异。还是东坡先生说得好："苟非吾之所有，虽一毫而莫取。"美名美则美矣！只是对于那些还有一点正义感、有一点良知的人，面对不该属于他的美名，受之可以，坦然却未必办得到！得到的是美名，可是得到的也是一座沉重的大山，一条捆缚自己的锁链，早晚会被压垮，压得喘不上气来。像关肃霜，就活得真实、活得轻松、活得自在、活得安然。

人不要太看重名利，为名为利，只会迷失自己，刻意追求名利而失去很多东西，所以不要太追求名利，别让名利成为人生的负担。

蔡戈尼效应：做事要有始有终的驱动力

20世纪20年代后期，心理学家蔡戈尼做了一个非常有名的实验，这个实验所得到的结果被人们称之为蔡戈尼效应。

首先，蔡戈尼将测试者分为甲和乙两个小组，然后让两个小组的受试人员同时演算完全一样的数学题。在实验进行过程中，他让甲组的受试人员顺利地演算完毕，而在乙组演算过程中他会突然下令停止，然后宣布结束。

最后，他让甲乙两个组分别回忆刚才演算的题目，出人意料的是乙组受试者明显优于甲组。这种没有完成的不适感深刻地留存于乙组人员的记忆当中，一时之间很难忘记。而那些已完成题目的甲组人员，他们的"完成欲"得到了充分的满足，所以，他们也就轻松地忘记了刚才所进行的任务。

有一位作曲家非常喜欢睡懒觉，他的妻子为了使他早上能够起床，就想了一个办法，妻子在钢琴上随便地弹出一组乐句的头三个和弦。睡梦中的作曲家听了之后，辗转反侧，等待曲子的继续，但是久久没有动静，最后他实在是忍不住不得不爬起来，跑到钢琴前弹完最后一个和弦。这就是心理学上的趋合心理。这种心理逼使作曲家无法忍受未完成的乐章，所以他不得不爬起来在钢琴上完成脑中早已完成的乐句，来满足自己的心理。

每个人天生就有一种办事要有始有终的驱动力，人们之所以会忘记已完成的工作，是因为完成欲的动机已经得到满足，自己心里已经完全放下；如果工作尚未完成，那么，这同一动机便使他留下深刻印象，无法遗忘。这就是蔡戈尼效应。

在我们的生活中，在面对问题时，虽然很多人都会全神贯注投入进去，但是，一旦解开了就会有所松懈，继而放松下去，这样自然而然也会很快地忘记。但是，对于解不开或尚未解开的问题，人们大都会要想尽一切办法努力去解开它，所以对于这种情况，人们会比较在意，进而一起记忆在大脑里面。而且这种影像会一直浮现在脑海里，直到自己把它解开的那一刻。

出现这种现象的原因是人们天生都有一种办事要有头有尾的驱动力。比如让我们试画一个圆圈，但是在最后的时候留下一个小缺口，就停笔不动。然后让人们来看它一眼，大多数人的心思都会倾向于想要把这个圆给完成。有时白天工作量大，到晚上了还要加班，但是到晚上深更半夜的时候还没有完成任务怎么办？这个时候你会选择放下工作去睡觉，还是会继续，等到完成再安心睡觉？相信大多数人是会选择继续完成，完成之后再睡觉，这样才会睡得安稳、踏实，否则就算是你睡觉了也不会睡得很沉。当我们正在看一部影片，突然你发现已经是深更半夜了，这时的你会马上关掉电脑睡觉还是继续看完再上床？相信大多数人会继续看完，这样晚上睡觉才踏实，才会睡得更香。

有一个人非常喜欢编织。每天只要一回到家，第一件事情就是先拿起编织针，然后开始煞有介事地编织。虽然翻来覆去只是一个动作，但他却极为认真，每天搞得茶饭不思，假如中途有别的事情被打断了，只要一有机会，他就接着编织。

这就是"蔡戈尼效应"起到的心理作用。一日任务不完成，便一日不解"心头恨"。一般来说，做事情的时候还是需要相应的"蔡戈尼效应"的，因为，它能够推动我们主动去完成工作任务，并且达到圆满状态。如果生活中没有蔡戈尼效应，那么就不会有办事的效率，只有在蔡戈尼效应的驱使下，才能使自己的工作效率快速得到提升。

但是，如果我们把握不好"蔡戈尼效应"的话，就比较容易走向极端。一方面是过分的强迫，面对任务时坚决要一气呵成，不完成便死抓着绝不放手，有的时候甚至还会偏执地将其他任何人、事、物全部置身事外；而另一方面就是驱动力过弱，做任何事都是拖沓啰唆，经常半途而废或是转移目标，永远无法彻底地去完成一件事情。

假如你经常走到"蔡戈尼效应"过弱的那一端，那你肯定是做事不能坚持到底的那类人。心理医生对此给予了一个简单有效的建议："如果你精力集中的时间限度是 10 分钟，那么，你的脑筋一开始散漫，你就要停止工作。然后用 3 分钟的时间活动筋骨，转移注意力，例如跳几下，或者去倒一杯水，再或是做些静力锻炼的肌肉运动。等到活动过后，再把另一个 10 分钟花在工作上。"

但如果你经常走到"蔡戈尼效应"过强的一端，那么很有可能你是一个工作狂。而这样的人，通常性格也是比较偏执，做事比较自主，想法坚定难以动摇，可想而知，忙于完成任务的紧张生活一定也是太单调，太狭窄了。如果是这样的话，你得试着缓和一下过强的"蔡戈尼效应"，比如，周末和朋友约会，出门呼吸新鲜空气，或者下班后看看电视，看看夜景，听听音乐，学习享受人生乐趣。

对于大多数人而言，蔡戈尼效应是推动他们完成工作很重要的驱动力。可是生活中还是有些人会不自觉地走向极端，要么是因为拖拖拉拉，似乎永远都无法完成最后的工作，要么就是非得一口气把事做完，否则绝不罢休。这样两种人都需要调整他们的完成驱动力。

其实一个人做事半途而废，可能只是因为害怕失败而已，他永远不去把一件事情完成，就使自己有空间去逃避，或避免自己受到批评；同样的道理，那些只想永远当学生而不想毕业的人，也许是因为觉得这样就可以不必到社会上工作，可以远离过分竞争有压力的环境；另外也可能是因为在他潜意识中就不相信自己会成功，所以缺乏自信，想要逃避。那些非把事情做完不可的人，为了避免事情半途而废，就很有可能会让自己止步于一份根本就没有前途的工作上。兴趣一旦变成了狂热，就会是一个警告的信号，表示过分强烈的完成驱动力正在一步步主宰你。有的人会强迫自己去看完一部电影，尽管他并不喜欢那部电影，可就是觉得非看它不可。

那么在现实生活中，我们怎样做才能抑制住蔡戈尼效应呢？

首先，要在看事物的时候运用自己的价值观标准，比如我们发现一个工作计划不值得我们去做，那么我们就应该选择勇敢地放弃，去完成值得我们去完成的计划。这并不是说每一件事情都要坚持完成，只要是有意义、有价值的事情，我们都应去坚持；如果没有必要坚持，就不去坚持，可以适当地放弃。

其次，我们可以适当制定一个时间表，这样我们可以把必须做的事以及比较重要的事都写下来，做到井井有条，让自己培养出一种比较切合实际的意识，再把期限定在要求办妥的时间以前，做到有条不紊。

最后，我们需要一点一滴地来强化自己本身的意志力，当然，我们可以先从一件小事上来锻炼自己，然后再逐渐放大。比如，可以强迫自己在洗碗槽里留下几只碟子不去洗，然后去忙其他事情，或者看一本书的时候，试着去停一下，然后再去想想自己是不是在浪费时间和精力，如果是的话，那么就停止动作，转向其他方面。